通信网络基础设施电气安全

侯福平 ◎ 编著
黎建华 ◎ 审定

通信电源和机房环境是通信网络的关键基础设施，
是保障通信畅通的最基本要素之一，
是通信网络一个完整且不可替代的重要组成部分，
通信网络基础设施电气安全是通信企业安全生产的重要组成部分。

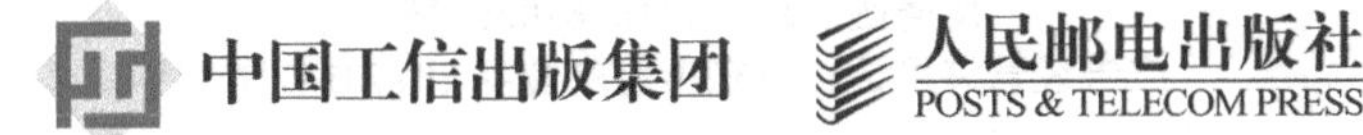

图书在版编目（CIP）数据

通信网络基础设施电气安全 / 侯福平编著. -- 北京:
人民邮电出版社, 2022.11（2023.9重印）
ISBN 978-7-115-59968-1

Ⅰ. ①通… Ⅱ. ①侯… Ⅲ. ①通信网－基础设施建设
－电气安全 Ⅳ. ①TM08

中国版本图书馆CIP数据核字(2022)第162661号

内 容 提 要

本书首先介绍了安全生产的基本概念和电气安全基本知识，其次结合信息通信行业的需求介绍了基础设施特别是通信电源电气设备的特点，最后根据实际案例对消防安全、机房环境安全等做了案例分析。

本书从电气安全涉及的生产安全、人身安全、设备安全、网络安全等不同维度介绍了信息通信网络基础设施的机房电气安全操作要求，电源割接技术要求，网络基础设施电气设备的隐患排查、安全检查及安全评估等基本内容和基本要求等。

希望本书能为关注信息通信网络基础设施电气安全的专业技术人员和从业人员提供有实用价值的参考。本书也可以作为高等、大专院校相关通信专业学生的专业教材。

◆ 编　　著　侯福平
审　　定　黎建华
责任编辑　张　迪
责任印制　马振武
◆ 人民邮电出版社出版发行　　北京市丰台区成寿寺路 11 号
邮编　100164　　电子邮件　315@ptpress.com.cn
网址　https://www.ptpress.com.cn
北京七彩京通数码快印有限公司印刷
◆ 开本：787×1092　1/16
印张：13.75　　2022 年 11 月第 1 版
字数：280 千字　　2023 年 9 月北京第 2 次印刷

定价：79.90 元

读者服务热线：(010)81055493　印装质量热线：(010)81055316
反盗版热线：(010)81055315
广告经营许可证：京东市监广登字 20170147 号

序

随着5G技术的广泛应用，信息通信安全的重要性更加突出。

把安全第一的理念贯穿于信息通信整个生产环节中，是信息通信安全的根本要求。信息通信供电系统的安全运行更是十分重要的基础保障。

由侯福平同志编著的《通信网络基础设施电气安全》一书把安全理念从理论上对规范管理及现场实际操作等做了详细的讲解，并在做好通信供电系统的运行维护方面和确保“人身安全、设备安全、网络安全”方面做了翔实的指导。

此书非常适合从事信息通信电源设施的设计、建设、运行维护及现场实际操作人员学习与了解，也适合关注信息通信电源设施及相关技术应用研究的人士参考，也可以作为高等院校和大专院校的通信专业教材。

本书有助于读者增强安全理念，增长实际操作技能，确保自己的职业生涯安全永远。

杨世忠

2022年9月

前言

通信电源和机房环境是通信网络的关键基础设施，是保障通信畅通的基本要素，是通信网络不可替代的重要组成部分。要保障通信网络的畅通，必须保障供电的安全、持续、不间断，并保证网络系统设备有良好的运行环境。

没有电，就没有现代化的信息通信。在信息通信网络系统设备的建设、运营过程中，操作者会经常接触各种各样的电气设备。我们要研究和了解电气设备特别是通信网络及其基础设施的电气特点和规律，掌握电气安全的要求，防止发生触电危险或避免电气灾害事故。如果没有安全生产的意识，缺乏必要的电气安全知识，就有可能会发生触电、火灾、爆炸等事故，严重危害人身安全、设备安全和网络安全。因此，信息通信网络基础设施的电气安全是通信企业安全生产的重要组成部分。

在信息通信网络基础设施的电气安全中，“人身安全、设备安全、网络安全”三者是一个整体，有机结合，缺一不可。网络安全是最终目标，但前提是人身安全和设备安全。在现场作业中，不注意安全、操作不规范等往往会导致人为故障和事故，造成电源设备供电不正常，进而影响网络的正常运行。而通信电源设备的质量与使用安全直接影响通信网络质量、通信设施和人身安全，轻则影响信息通信质量；重则毁坏设备，造成通信中断甚至酿成重大事故。因此，通信电源专业特别是现场作业操作的安全对通信企业的安全生产有着至关重要的作用。

本书介绍了安全生产和电气安全的基本知识，特别针对信息通信网络基础设施电气设备和电气安全的特点，系统叙述了电气消防安全、电气系统接地和接地保护、机房电气环境安全等方面的有关技术内容。根据现场实际操作的需要，重点介绍了机房电气操作安全、电源割接技术要求等方面的知识和要求，以及发生电气安全事故时的应急常识和善后处理的基本要求。

本书还附有编者亲历或收集的部分故障、事故案例。案例分析可以使读者汲取他人的教训，举一反三，可以指导操作人员对信息通信网络基础设施正确开展电气安全检查，帮助操作人员提高电气安全隐患防范意识和排查能力，提高电气安全评估的水平。

本书内容实用、丰富，适合从事信息通信网络基础设施相关工作的专业技术人员阅读，也可以作为信息通信网络基础设施电气安全教材，供通信院校相关师生及在职人员学习和参考。

作者

2022 年 9 月

目 录

第一章

安全生产概述

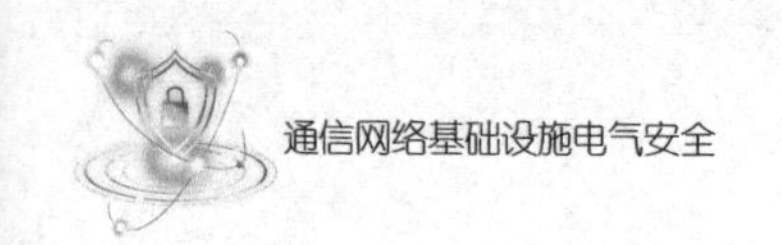

1.1 了解《中华人民共和国安全生产法》

1. 安全生产的意义

安全生产是关系人民群众生命财产安全的大事，是经济社会高质量发展的重要标志，是党和国家对人民利益高度负责的重要体现。党中央、国务院历来高度重视安全生产工作。

2.《中华人民共和国安全生产法》

我国现行的《中华人民共和国安全生产法》（以下简称《安全生产法》）于2002年6月29日在第九届全国人民代表大会常务委员会第二十八次会议通过并公布施行。《安全生产法》的公布和实施，对预防和减少生产安全事故，保障人民群众生命财产安全发挥了重要作用。

2009年8月27日，第十一届全国人民代表大会常务委员会召开第十次会议，公布《全国人民代表大会常务委员会关于修改部分法律的决定》，对《安全生产法》做了第一次修正；2014年8月31日，第十二届全国人民代表大会常务委员会召开第十次会议，公布《全国人民代表大会常务委员会关于修改〈中华人民共和国安全生产法〉的决定》，对《安全生产法》做了第二次修正；2021年6月10日，第十三届全国人民代表大会常务委员会召开第二十九次会议，公布《全国人民代表大会常务委员会关于修改〈中华人民共和国安全生产法〉的决定》，对《安全生产法》做了第三次修正。

国家发布并实施《安全生产法》是为了加强安全生产工作，防止和减少生产安全事故的发生，保障人民群众的生命和财产安全，促进经济社会持续健康发展。

新修订的《安全生产法》，进一步完善了安全生产工作的原则要求；进一步强化和落实了生产经营单位的主体责任；进一步明确了各级政府和有关部门的安全生产监督管理职责；进一步加大了对生产经营单位及其负责人安全生产违法行为的处罚力度。《安全生产法》明确规定了安全生产工作坚持中国共产党的领导，应当以人为本，坚持人民至上、生命至上，把保护人民生命安全摆在首位，树牢安全发展理念，坚持安全第一、预防为主、综合治理的方针，从源头上防范化解重大安全风险。安全生产工作实行管行业必须管安全、管业务必须管安全、管生产经营必须管安全等安全生产的基本原则。

1.2 安全生产的定义

1. 生产安全的定义

生产安全是劳动者在生产过程中没有危险、不受威胁、不出事故，企业财产在生产经营活动中不受损坏。例如：企业员工在生产过程中的人身安全、车辆在行驶过程中的安全等。在生产中，企业通过计划、组织、指挥、协调、监控等活动消除生产经营活动过程中的不安定和危险因素，避免发生事故，保证企业在良好的生产环境中实现自己的经营目标。

2. 什么是安全生产

我国把实现生产劳动过程中的安全这一基本任务的工作称为安全生产；把保护劳动者的生命安全和健康的工作称为劳动保护。

狭义的安全生产是指在生产过程中防止发生事故，在生产经营中保证企业员工的安全和健康，以及企业的财产不受损失。广义的安全生产包含整个社会生产、生活的各个环节与各个方面，为实现安全、和谐的目的，在社会生产、交换、流通和消费活动过程中采取各种措施、办法开展一系列安全活动。

3. 什么是安全生产管理

安全生产管理是指管理者对安全生产工作进行的计划、组织、指挥、协调和控制的一系列活动，旨在保证生产、经营活动中的人身安全与健康及财产安全，促进生产的稳定发展，保障社会稳定。安全生产管理有宏观和微观之分：宏观安全生产管理体现为安全管理的一切措施与活动，属于安全生产管理的范畴；微观安全生产管理指从事经济和生产管理的部门，以及企业、事业单位进行的具体的安全管理活动。

1.3 安全生产的内容

安全生产是一项系统的工程，主要包括以下 3 个方面的内容。

1. 安全生产管理

安全生产管理包括国家安全生产的监督管理和企业的自主安全生产管理：国家安全生产的监督管理主要是立法、执法和监督检查等方面的管理；企业根据国家的法规和政策，对企业自身的安全生产进行具体的直接管理。

2. 安全技术

安全技术包括机械安全技术、电气安全技术、消防安全技术、化工安全技术、特种设备安全技术、矿山安全技术、建筑安全技术及冶金安全技术等。

3. 劳动卫生

劳动卫生主要是防止职业病、职业中毒和物理伤害，确保劳动者的身心健康。

在我们实际的工作中，安全生产的内容既包含劳动保护（保护人）的内容，又包含财产安全（保护物）的内容。在保护人和保护物两个方面，保护人是主要的，因此，劳动保护是安全生产的主要内容。劳动保护包括劳动安全、劳动卫生、工作时间和休息休假管理、女职工和未成年工特殊保护方面的内容。

1.4 安全生产的方针和安全生产管理任务

我国安全生产的方针是“安全第一、预防为主”。它是党和国家从社会主义建设全局出发提出的经济建设的重要指导方针，也是国家的一项基本政策。这一方针是对安全生产工作的根本要求，社会主义建设必须遵循这一方针。认真贯彻这一方针，是正确处理国家、企业和职工的关系，促使安全生产与经济、社会协调发展的重要保证。

1. 如何理解“安全第一、预防为主”的方针

“安全第一”说明了人与物、安全工作与生产任务之间的关系；“预防为主”说明了安全工作中防与救、事前防范与事后处理之间的关系，体现了防范胜于救灾的指导思想。

“安全第一”与“预防为主”是互相联系的。“安全第一”指出了安全工作的方向、目标，而“预防为主”则是实现这一方向、目标的有效途径，二者完整地概括了党和国家在安全生产方面的大政方针。这一方针充分体现了党全心全意为人民服务的宗旨。

2. 安全生产管理的任务

安全生产管理的任务主要有以下几个方面。

① 贯彻落实国家安全生产法规，落实“安全第一、预防为主”的安全生产方针。

② 制定安全生产的各种规程、规定和制度，并认真贯彻实施。

③ 积极采取各种安全工程技术措施，进行综合治理，使企业的生产机械设备和设施达到安全生产的要求，保障员工有一个安全可靠的作业条件，减少和杜绝各类事故造成的人员伤亡和财产损失。

④ 采取各种劳动卫生措施，不断改善劳动条件和环境，定期检测，防止和消除职业病及职业危害，做好女职工和未成年工的特殊保护，保障劳动者的身心健康。

⑤ 对企业领导、特种作业人员和其他职工进行安全教育，提高安全素质。

⑥ 对职工伤亡及生产过程中的各类事故进行调查、处理和上报。

⑦ 推动安全生产目标管理，推广和应用现代化安全管理技术与方法，深化企业安全管理。

在企业的生产经营活动中，安全生产管理的任务十分繁重。各家企业应充分发挥安全生产管理部门的计划、组织、指挥、协调和控制五大功能的作用。

1.5 安全生产的意义

安全生产关系到人民群众的生命财产安全，关系到改革发展和社会稳定大局。

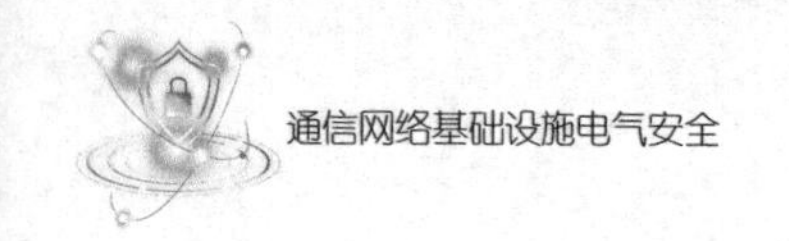

1. 充分认识安全生产工作的重要性

搞好安全生产工作，切实保障人民群众的生命财产安全，体现了广大人民群众的根本利益，反映了先进生产力的发展要求和先进文化的前进方向。做好安全生产工作是全面建设小康社会、统筹经济社会全面发展的重要内容，是实施可持续发展战略的组成部分，是政府履行社会管理和市场监管职能的基本任务，是企业生存发展的基本要求。我国目前尚处于社会主义初级阶段，要实现安全生产状况的根本好转，必须付出持续不懈的努力。各地区、各部门要把安全生产作为一项长期艰巨的任务，警钟长鸣，常抓不懈，从维护人民群众的生命和财产安全的高度，充分认识加强安全生产工作的重要意义和现实紧迫性，动员全社会力量，齐抓共管，全力推进。

2. 安全生产工作的重要意义

加强安全生产工作，防止和减少生产安全事故是国家的基本政策，是发展社会主义市场经济的重要条件，是企业管理的一项基本原则，具有重要意义。

1.6 安全生产的管理原则

长期以来，国家发布了一系列有关安全生产的法律法规，各家通信运营企业也颁布过一系列有关保障通信设备安全和员工生产安全的规定。这些法律法规与规定，是企业在长期安全生产和反复实践中得出的经验与教训，是通信运营企业开展安全生产工作的主要依据。根据这些法律法规和规定及有关的管理理论，可以总结归纳出安全生产科学管理的原则。这些原则也成为通信运营企业安全生产工作的准则。

1. 系统原则

要把在安全生产过程中涉及的各个要素（例如人、机、环境等）看作是一个系统，注重安全生产的整体性、目的性和层次性。要系统、全面地进行安全分析和评估，制定系统性的安全措施，贯彻到生产管理工作的方方面面，以实现系统安全为最终目的。

2. 目标原则

确定一定时期的安全生产工作目标、进度和所需达到的数值指标，并使员工明确目标，为达到目标而努力工作。

3. 效果原则

安全生产工作要力求达到实际效果，保证安全生产目标计划能够实现，达到较好的管理效果、安全效果、技术效果、经济效果和社会效果。

4. “管生产必须管安全”的原则

安全与生产是有机统一的关系，安全寓于生产之中，安全为了生产，生产必须安全。在生产工作中必须做到“五同时”，即要在计划、布置、检查、总结、评比生产工作的同时，开展计划、布置、检查、总结、评比安全工作。

5. 责权统一的原则

谁主管谁负责，一把手负总责，谁发证谁负责，谁经营谁负责，谁收益谁负责。

6. “保人身、保设备、保通信网络”的原则

在处理安全与改革发展，安全与经济效益，安全、质量与进度，安全生产整体利益与局部利益，保证通信运营企业安全生产与满足社会对通信企业需求等方面的关系时，必须坚持“安全第一”，防止违背科学规律“硬拼”设备，违规操作、违章指挥，对通信运营企业的系统稳定运行造成重大影响，造成人身安全与健康重大伤害及企业财产的巨大损失。

7. “四不放过”的原则

“四不放过”是指调查处理工伤事故时，必须坚持事故原因不清不放过，员工及事故责任人不受到教育不放过，事故没有处理完不放过，事故隐患不整改不放过。

8. “全过程管理”的原则

在规划、设计、安装、调试到生产运行等各个环节，都必须坚持“安全第一、预防为主”的方针，落实安全质量责任制，全面加强安全质量管理，共同保障“安全第一、预防为主”方针的实现。

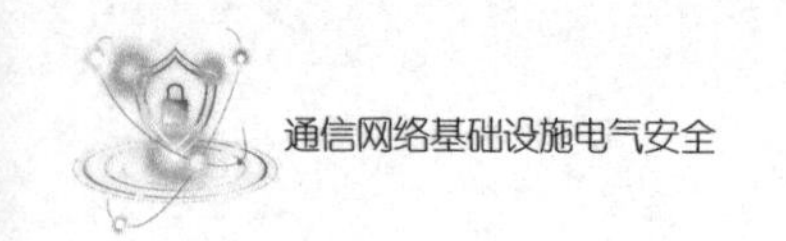

9.“齐抓共管”的原则

在通信运营企业开展安全生产管理工作时，各职能管理部门要在各自主管的工作范围内，按照责任制的要求，围绕统一部署，发挥各自的积极性和优势，充分发动群众，齐抓共管，共同搞好安全生产。

10.“综合治理”的原则

围绕抓好安全生产，动员各方力量，调动各种积极因素，综合采取各种管理措施和手段，抓好安全生产各个环节的控制，优化各种安全生产要素的组合，努力取得安全生产良好的综合效果。

11.“以人为本和技术进步”的原则

必须重视人和科技在安全生产中的重要地位和作用，重视提高职工队伍的素质。发挥科学技术新成果在生产和管理中的应用，切实把安全生产建立在劳动者素质提高和科技进步的基础之上。

12.“宏观与微观控制相结合”的原则

要从宏观控制着眼，从微观控制着手，把通信运营企业杜绝和控制对通信生产造成重大损失、对社会造成重大影响的重特大事故的宏观控制目标，与“班组控制异常和未遂、生产部门和施工工地控制障碍和轻伤事故”的要求，有机地结合起来，从班组这个企业的“细胞”抓起，保证零人员死亡和零重特大事故目标的实现。

1.7 安全生产的技术原则

采用安全生产技术措施时，应遵循以下原则。

1. 消除原则

通过合理的计划、设计和科学管理，尽可能从根本上消除某种危险和有害因素。例如，科学的计划、设计、监督和验收使生产环境从开始就消除某种危险和有害因素，达到安全卫生的目的。

2. 预防原则

当消除危害源有困难时，可采取预防性技术措施。例如：在高低压变配电设备四周应采取铺设绝缘胶垫等措施，预防操作人员意外触电；在裸露的电气导体部位应加装绝缘防护罩板，防止非操作人员误碰；在线缆槽道处应采取孔洞封堵措施，防止火灾的蔓延。

3. 替代原则

当危险源不能被消除时，可用另一种设备或物质替代危险物体。例如，用安全设备替代危险设备。

4. 隔离原则

在无法消除、预防、替代的情况下，应将人员与危险和有害因素隔开。例如，在有坑、坡、洞的场所安装防护栏杆；用房间把噪声超标场地的作业人员与噪声设备隔开。

5. 减弱原则

在无法消除、预防、替代、隔离危险源的情况下，可采取减少危害的措施。例如，为保障行车安全放慢车速，在有辐射的场所配置防护服等。

6. 设置薄弱环节原则

在生产中的某个环节设置薄弱部位，使危害发生在薄弱部位。例如：在电气系统中设置断路器、熔丝等装置，当发生电气短路时，这些过流保护器件将首先做出反应，从而起到保护设备和防止危害扩散的作用。

7. 加强原则

增加生产中某些薄弱部位的安全防护。例如，加粗防护栏杆，增加建筑物钢筋尺寸，加大水泥标号等。

8. 合理布局原则

按照安全卫生的目的，利用位置、角度安置生产设备。例如，把危险设备布置在人不经常通过的地方，利用布局角度使一些设备的危险部位不直接对准

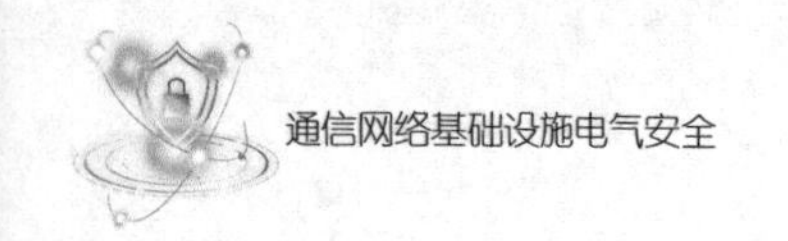

操作人员。

9. 减少用时原则

缩短操作人员在危险源附近工作的时间。例如，尽量缩短通信电源维护人员在线带电的作业时间。

10. 联锁原则

当操作人员失误或设备运行达到危险状态时，联锁装置可终止设备危险运行。例如，在线更换直流电源系统整流模块时，当模块被拔出时，定位联锁装置可以先将其电源关闭，以减小触头拉弧烧蚀。

11. 警告原则

在易发生故障或危险性较大的地方配备醒目的识别标志。必要时，采用声、光或声光组合的报警装置。例如，在通信枢纽场所安装“禁止吸烟”标志牌，在电力高压变压器处安装“高压危险”警示牌。

参考资料

[1] 王福成，陈宝智. 安全工程概论（第 3 版）[M]. 北京：煤炭工业出版社 .2019.

思考题

1. 安全生产主要包括哪些内容？
2. 选择采用安全生产技术措施时，应遵循哪些原则？
3. 如何理解“安全第一、预防为主”的方针？
4. 什么是通信电气安全的“保人身、保设备、保通信网络”原则？

第二章

电气安全基本知识

电气安全主要包括人身安全与设备安全两个方面，对于通信行业从业者来说，还涉及网络供电安全。人身安全是指在电气设备使用过程及其他相关工作中人员的安全；设备安全是指电气设备及其他相关设备、建筑的安全；网络供电安全是指要确保供电的不间断，以保障通信网络的畅通和信息传递的不中断。

2.1 电的特点

① 电的形态特殊，看不见，听不到。人们日常所能感受到的电，只是电能的转换式，例如，光、热、磁力等。

② 电的传输非常快，传输速率为 300000km/s。

③ 电的网络性强，若干线路连接成一个整体。发电、供电、用电在瞬间同时完成。局部故障有时可能会波及整个电网的运转。

④ 电的能量可以非常大。发生短路时，短路电阻接近零，短路电流趋于无穷大，可以瞬间释放出无穷大的能量。

⑤ 发生事故的可能性和危害性大。人身触电、着火、损坏设备、爆炸等电气事故会影响生产，甚至造成整个企业生产瘫痪，其后果非常严重。

2.2 电流对人体的伤害

1. 几个阈值的定义

GB/T 13870.1—2008《电流对人和家畜的效应 第 1 部分：通用部分》中说明了频率为 15 ～100Hz 的正弦交流电流通过人体时的效应。

1）感知阈值

通过人体能引起任何感觉的接触电流的最小值。

2）反应阈值

能引起肌肉不自觉收缩的接触电流的最小值。

3）摆脱阈值

人手握电极能自行摆脱电极时接触电流的最大值。

4）心室纤维性颤动阈值

通过人体能引起心室纤维性颤动的接触电流的最小值。

2. 正弦交流电流通过人体的效应

正弦交流电流通过人体时，其感知阈值和反应阈值取决于若干参数，例如，与电极接触的人体面积（接触面积）、接触的状况（干燥、潮湿、压力、温度），还取决于个人的生理特性；摆脱阈值取决于若干参数，例如，接触面积、电极的形状和尺寸，还取决于个人的生理特性；心室纤维性颤动阈值取决于生理参数（人体结构、心脏功能状态等）及电气参数（电流的持续时间和路径、电流的特性等）。

GB/T 13870.1—2008 参考了国际电工委员会（IEC）的大量实验数据和资料。电流路径为从左手到双脚的交流电流（15～100Hz）对人体效应的约定时间/电流曲线如图 2-1 所示。从图中可以明显看到，不同的电流大小和持续时间长短对人体的影响是不一样的，可以划分为4个区域，图2-1中4个区域的简要说明见表2-1。

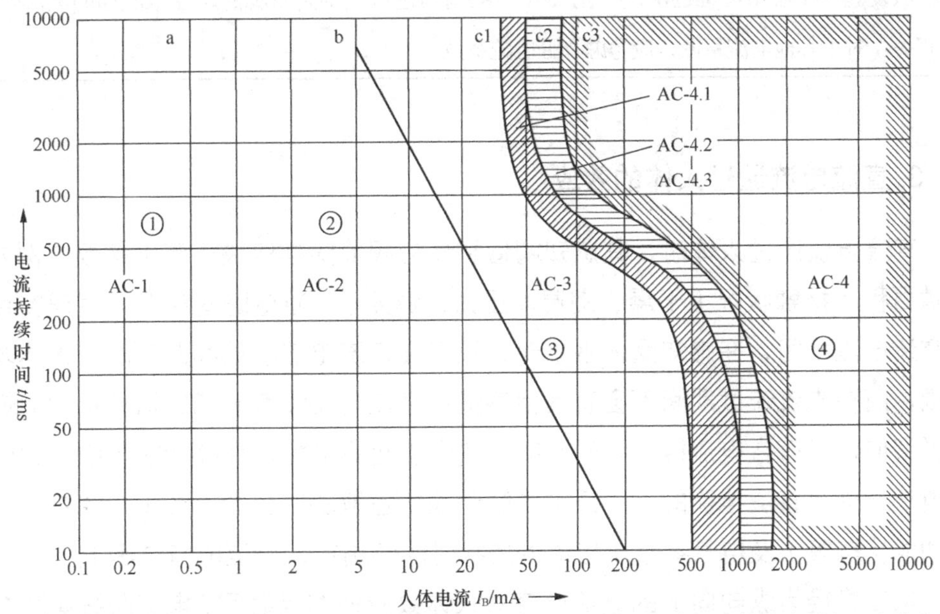

图 2-1　电流路径为从左手到双脚的交流电流（15～100Hz）对人体效应的约定时间/电流曲线

资料来源：GB/T 13870.1—2008《电流对人和家畜的效应 第 1 部分：通用部分》。

表 2-1　图 2-1 中 4 个区域的简要说明

区域	范围	生理效应
AC-1	0.5 mA 的曲线 a 的左侧	有感知的可能性，但通常没有被“吓一跳”的反应
AC-2	曲线 a 至曲线 b	可能有感知和不自主的肌肉收缩，但通常没有有害的电生理学效应
AC-3	曲线 b 至曲线 c	有强烈的、不自主的肌肉收缩，呼吸困难，可逆性的心脏功能障碍，可能出现活动抑制。随着电流幅而加剧的效应，通常没有预期的器官破坏
AC-4[a]	曲线 C1 以上	可能发生病理—生理学效应，例如，心脏停搏、呼吸停止及烧伤或其他细胞的破坏。心室纤维性颤动的概率随着电流的幅度和时间增加
	C1-C2	AC-4.1 心室纤维性颤动的概率增加到大约 5%
	C2-C3	AC-4.2 心室纤维性颤动的概率增加到大约 50%
	曲线 C3 的右侧	AC-4.3 心室纤维性颤动的概率增加到大于 50%

[a] 电流的持续时间在 200ms 以下，如果相关的阈值被超过，心室纤维性颤动只有在易损期内才能被激发。关于心室纤维性颤动，图 2-1 中数据与在从左手到双脚的路径中流通的电流效应相关。对于其他电流路径，应考虑心脏电流系数

3. 直流电流通过人体的效应

直流电流通过人体时，其感知阈值和反应阈值同样取决于若干参数，例如，接触面积、接触状况（干燥、潮湿、压力、温度）、通电时间和个人生理特点。与交流电流不同，在感知阈值水平时，只有在直流电流接通和断开时，人体才有感觉，而在电流流过期间不会有其他感觉；直流电流没有确切的活动抑制阈值或摆脱阈值，只有在电流接通和断开时，才会引起肌肉疼痛和痉挛状收缩。如同交流电流一样，直流电流的心室纤维性颤动阈值也取决于生理参数（人体结构、心脏功能状态等）及电气参数（电流的持续时间和路径、电流的特性等）。

电流路径为纵向向上的直流电流对人体效应的约定时间 / 电流曲线如图 2-2 所示。图 2-2 中 4 个区域的简要说明见表 2-2。

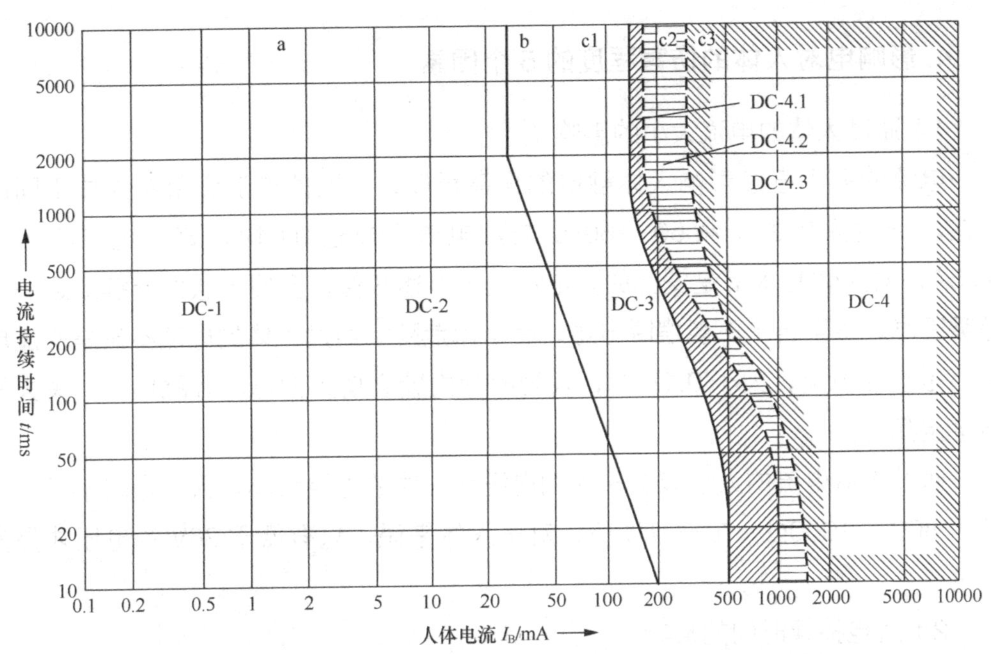

图 2-2 电流路径为纵向向上的直流电流对人体效应的约定的时间 / 电流曲线

表 2-2 图 2-2 中 4 个区域的简要说明

区域	范围	生理效应
DC−1	2mA 曲线 a 的左侧	当接通、断开或快速变化的电流流通时，可能有轻微的刺痛感
DC−2	曲线 a 至曲线 b	实质上，当接通、断开或快速变化的电流流通时，很可能发生无意识的肌肉收缩，但通常没有有害的电气生理效应
DC−3	曲线 b 的右侧	随着电流的幅度和时间的增加，心脏中很可能发生剧烈的、无意识的肌肉反应和可逆的脉冲成形传导的紊乱，通常没有所预期的器官损坏
DC−4[a]	曲线 C1 以上	有可能发生病理—生理学效应，例如，心脏停搏、呼吸停止及烧伤或其他细胞的破坏。心室纤维性颤动的概率也随着电流的幅度和时间而增加
	C1−C2	DC−4.1 心室纤维性颤动的概率增加到约 5%
	C2−C3	DC−4.2 心室纤维性颤动的概率增加到约 50%
	曲线 C3 的右侧	DC−4.3 心室纤维性颤动的概率增加大于 50%

[a] 电流的持续时间在 200ms 以下，如果相关的阈值被超过，则心室纤维性颤动只有在易损期内才能被激发。关于心室纤维性颤动，图 2-2 中数据与路径为从左手到双脚并且是纵向向上流动的电流效应相关。对于其他的电流路径，应考虑心脏电流系数

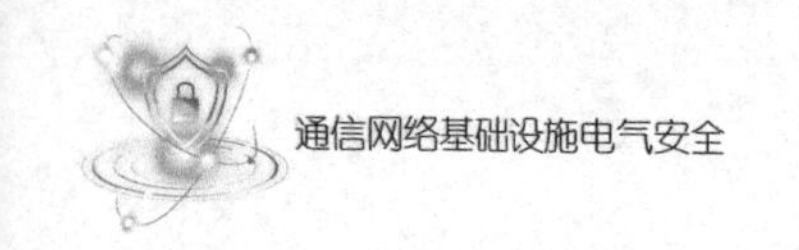

4. 影响电对人体的伤害程度的 5 个因素

1）通过人体的电流大小的影响

电流的大小直接影响人体触电的伤害程度，不同的电流会引起人体不同的反应。通过人体的工频 50 ～60Hz 交流电流不超过 0.01A，直流电流不超过 0.05A，对人体基本上是安全的。电流大于上述数值，会使人感到麻痹或剧痛，呼吸困难，甚至自己不能摆脱电源，有生命危险。通过人体的电流不论是交流电流还是直流电流，大于 0.1A 时，较短时间内就会使人窒息、心跳停止、失去知觉甚至死亡。

通过人体电流的大小取决于外加电压和人体的电阻大小。人体电阻不同，一般为 800 ～1000Ω。在一般场所，对于人体来说，只有低于 36V 的电压才是安全的。

2）通电持续时间的影响

发生触电事故时，人体触电时间越长，电流持续的时间也越长，电流对人体产生的热伤害、化学伤害及生理伤害越严重。在一般情况下，工频电流 15 ～20mA 及直流电流 50mA 以下，对人体是安全的。但如果触电时间很长，即使工频电流小到 8 ～10mA，也可能有致命的危险。

3）电流流经途径的影响

电流流过人体的途径，也是影响人体触电严重程度的重要因素之一。当电流通过人体心脏、脊椎或中枢神经系统时，危险性最大：电流通过人体心脏，会引起心室纤维性颤动甚至心脏骤停，血液循环中断，造成死亡；电流通过脊髓，会使人肢体瘫痪；电流通过人体头部，会造成昏迷等。因此，在电流通过人体的途径中，从手到脚最危险，其次是从手到手，再次是从脚到脚。

4）人体电阻的影响

在一定电压的作用下，流过人体的电流与人体电阻成反比。因此，人体电阻也是影响人体触电危害程度的因素之一。人体电阻由表面电阻和体积电阻构成。表面电阻即人体皮肤的电阻，对人体电阻起主要作用。有关研究表明，人体电阻一般在 1000 ～3000Ω。人体电阻越低，越容易引起心室纤维性颤动，即电击危险性越大。人体内部的部分阻抗如图 2-3 所示。

5）通过的电流种类

研究表明，人体触电的危害程度与触电电流的频率有关。一般来说，通过人体电流的频率在 20 ～400Hz 时，摆脱电流值最低，对人体触电的伤害程度最严重。电流低于或高于这个频段时，危险性相对较小，对人体触电的危害程度明显减轻。直流电的危险性相对低于交流电的危险性。而高频电流比工频电流更易引起皮肤灼伤，因此，不能忽视使用高频电流的安全问题。

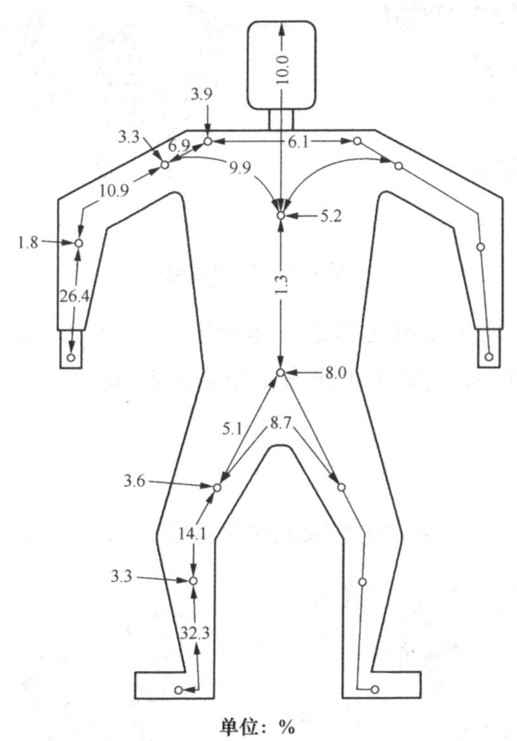

单位：%

注：数字表示相对于路径为一手到一脚的相关的人体部分内阻抗的百分比。

图 2–3　人体内部的部分阻抗

2.3 人体触电方式

人体触电是指电流通过人体后引起人体不适、受到伤害甚至死亡的事件。一般是人不小心、缺少常识与保护造成的，并非有意而为。它与电压、环境（绝缘）、个人的身体条件有关。

人体触电方式主要有单相触电、两相触电、跨步电压触电 3 种。

1. 单相触电

单相触电是指当人体接触带电设备或线路中的某一相导体时，一相电流通过人体流经大地回到中性点，这种触电形式被称为单相触电，单相触电如图 2–4 所示。这是一种危险的触电形式，在生活中较常见。

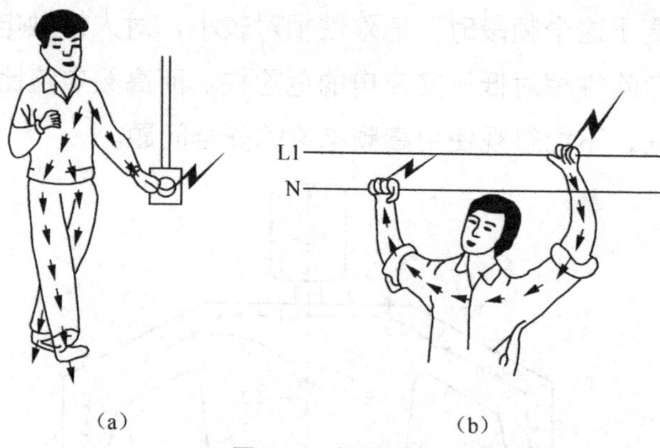

图 2-4　单相触电

大部分触电事故是单相触电事故。单相触电是一个通俗的说法。在我国单相触电是指由单相 220V 交流电（民用电）引起的触电。

2. 两相触电

两相触电是指人体的两处同时触及两相带电体的触电。两相触电如图 2-5 所示。

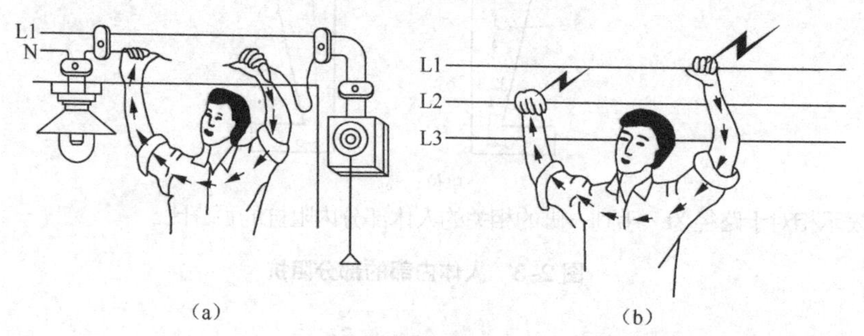

图 2-5　两相触电

在我国现行的 380V/220V 交流供电体系中，当发生两相触电时，人体承受的是 380V 的线电压，其危险性一般比单相触电大。人体接触两相带电体时，电流比较大，轻则引起触电烧伤或导致残疾，重则导致触电死亡，而且两相触电使人身亡的时间只有 1～2s。

3. 跨步电压触电

当架空线路的一根带电导线断落在地上时，落地点与带电导线的电势相同，电流会从导线的落地点向大地流散，于是地面上以导线落地点为中心，形成了一个电势分布区域，即接地电流的散流场。离落地点越远，电流越分散，地面电势也越低。跨步电压触电如图 2-6 所示。

图 2-6　跨步电压触电

由于散流场内地面上的电位分布不均匀，人的两脚间电位不同。这个电位差被称为跨步电压。如果人或牲畜站在距离电线落地点 8 ～10m 处，就可能发生触电事故，这种触电被称为跨步电压触电。

跨步电压触电是指人进入接地电流的散流场时的触电，属于间接触电。人受到跨步电压时，电流虽然是沿着人的下身，从脚经腿、胯部又到脚，与大地形成通路，没有经过人体的重要器官，好像比较安全，但是实际并非如此。因为人受到较高的跨步电压作用时，双脚会抽筋，使身体倒在地上。这不仅使作用于身体上的电流增加，而且改变了电流经过人体的路径，电流完全可能流经人体的重要器官。事实证明，人倒地后电流在体内持续作用 2s，这种触电就会致命。

虽然跨步电压触电一般发生在高压电线落地时，但我们对低压电线落地也不可麻痹大意。根据试验，当牛站在水田里，如果前后胯之间的跨步电压达到 100V 左右，牛就会倒下，电流会流经它的心脏，触电时间一长，牛就会死亡。

跨步电压的大小与跨步距离及人和接地体的距离长短有关。当人的一只脚跨在接地体上或双脚并拢时，跨步电压最小；而人离接地体越远，跨步电压越小；与接地体的距离超过 20m 时，跨步电压基本接近于零。当人发觉跨步电压触电威胁时，应赶快把双脚并在一起，马上用一条腿或两条腿跳离危险区。

2.4 电气安全防护的措施

1. 电气绝缘

保持配电线路和电气设备的绝缘良好，是保证人身安全和电气设备正常运行

的基本要素。电气绝缘的性能可通过测量其绝缘电阻、耐压强度、泄漏电流和介质损耗等参数来衡量。

对裸露在地面和人身容易触及的带电设备，应采取可靠的防护措施。

2. 安全距离

电气安全距离是指人体、物体等接近带电体而不发生危险的安全可靠距离。例如，带电体与地面之间、带电体与带电体之间、带电体与人体之间、带电体与其他设施和设备之间，均应保持一定距离。通常，操作人员在配电线路和变电、配电装置附近工作时，应考虑线路安全距离，变电、配电装置安全距离，检修安全距离和操作安全距离等。

设备的带电部分与地面及其他带电部分也应保持一定的安全距离。

3. 安全载流量

导体的安全载流量是指允许持续通过导体内部的电流量。持续通过导体的电流量如果超过安全载流量，导体的发热将超过允许值，导致绝缘损坏，甚至引起漏电和火灾。因此，根据导体的安全载流量确定导体截面和选择设备也是十分重要的。

4. 保护

低压电力系统应有接地、接零保护装置。

易产生过电压的电力系统应有避雷针、避雷线、避雷器、保护间隙等过程电压保护装置。

各种高压用电设备应采取装设高压熔断器和断路器等保护措施；低压用电设备应采用相应的低压电气保护措施。

5. 标志

明显、准确、统一的标志是保证用电安全的重要因素。标志一般有颜色标志、标示牌标志和型号标志等：颜色标志表示不同性质、不同用途的导线；标示牌标志一般作为危险场所的标志；型号标志作为设备特殊结构的标志。

在电气设备的安装地点应设安全提示标志。

6. 特殊措施

根据某些电气设备的特性和要求，还应采取特殊的措施。

参考文献

[1] GB 3805—2008 特低电压（ELV）限值 [S]. 北京：中国标准出版社，2008.

[2] GB/T 13870.1—2008 电流通过人体的效应 第一部分：通用部分 [S]. 北京：中国标准出版社，2008.

[3] GB/T 25292—2010 电气设备安全设计导则 [S]. 北京：中国标准出版社，2010.

[4] GB 51348—2019 民用建筑电气设计标准 [S]. 北京：中国标准出版社，2019.

[5] GB 50052—2009 供配电系统设计规范 [S]. 北京：中国标准出版社，2009.

[6] GB 26860—2011 电力安全工作规程（发电厂和变电站电气部分）[S]. 北京：中国标准出版社，2011.

思考题

1. 电对人体的伤害程度取决于哪些因素？
2. 电流通过人体时产生效应有哪几个阈值？
3. 人体触电主要有哪几种方式？如何预防？

第三章

通信电源电气设备及其特点

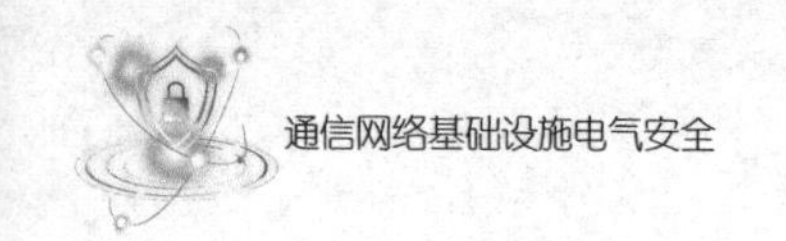

3.1 通信电源的本质

1. 通信电源系统的定义

通信电源是为通信网络设备提供电力的系统设备。

通信电源系统在整个通信行业中虽然占较小的比例，但它是整个通信网络的关键基础设施，是通信网络中一个完整而又不可替代的独立专业系统。

2. 通信电源系统的组成

1）通信电源系统

通信电源系统一般包括 10kV 或过高电压等级的高压配电系统、变压器、380V/220V 的低压配电系统、油机供电系统、交流不间断电源（Uninterruptible Power Supply，UPS）系统、直流供电系统（高频开关电源系统）、防雷接地系统、集中监控系统等。传统的通信电源系统如图 3-1 所示。

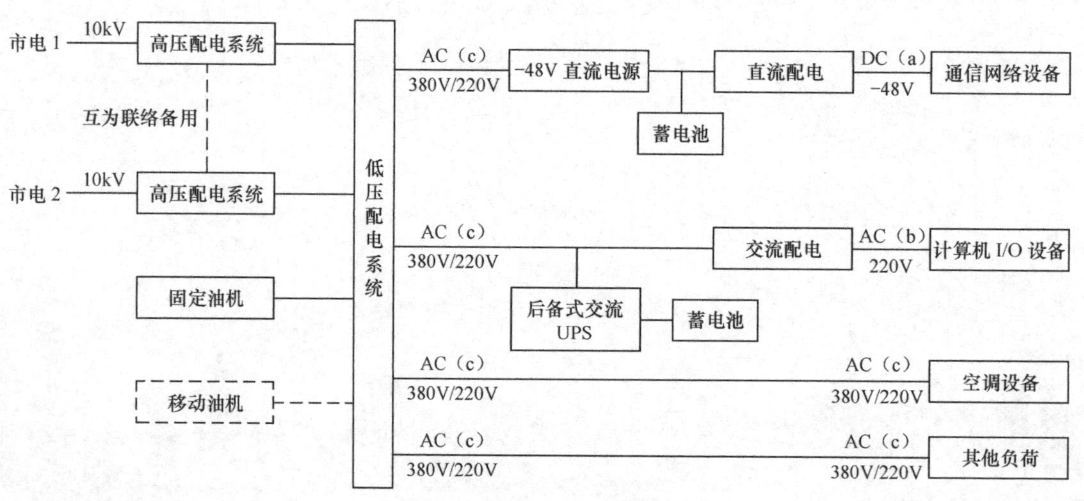

图 3-1　传统的通信电源系统

直流供电系统主要由整流设备、直流配电设备、蓄电池组、直流变换器、机架电源设备和相关的配电线路组成。

基站供电系统中一般不包括 10kV 高压系统，通常直接引入当地的 380V/220V 电源，其他的基本相同。

2）通信局（站）的基础电源

通信局（站）的基础电源可分为交流基础电源和直流基础电源两种。

经由市电或备用发电机组（含移动电站）提供的交流电电源是通信局（站）的交流基础电源。交流基础电源的标称电压一般为 380V/220V 或 10kV，标称频率为 50Hz。

用于向各种通信设备和二次变换电源设备或装置提供直流电压的是直流基础电源。常用的直流基础电源的电压为 –48V 和 240V。直流基础电源的电压只允许在一定范围内波动。例如，–48V 电源系统的电压允许变动值为 –57 ～–40V，240V 电源系统的电压允许变动值为 192 ～288V。

3. 通信电源的本质

现代信息通信离不开电。通信电源虽然是为通信网络设备提供电力的系统设备，但实际上，通信网络系统设备需要的电能绝大部分来源于大电网。也就是说，除了油机发电机组、分布式太阳能系统和蓄电池组，通信电源本身并不产生电，它不是发电设备或储电系统设备。通信电源从本质上说，主要有以下两个作用。

1）电能形式转换

一般大电网送到通信局（站）的都是 10kV 甚至更高电压等级的正弦交流电。而通信网络设备属于电子类设备，其电子设备内部的印制电路板（Printed Circuit Board，PCB）、中央处理器（Central Processing Unit，CPU）、存储器等电子元器件一般采用低电压（±12V、±5V 甚至更低）的直流供电。因此，通信网络设备需要由通信电源将高压的交流电统一转换为 –48V 直流电，也就是我们通常所说的整流过程，然后再由设备内部的变换电路转换为设备所需要的工作电压。

通信网络中使用的 IT 类设备（例如，计算机、服务器、存储器、路由器等），其本身就带有设备电源，可以起到整流（将交流电变换为直流电的过程）作用。因此这类设备可以直接采用 380V/220V 交流供电。

2）连续不间断供电

通信电源系统必须能稳定、可靠、安全地供电，确保在任何情况下通信设备

不断电，保障网络畅通，即需要连续不间断地供电。一旦电源系统发生故障，退出工作或输出瞬间超限波动，将引起供电中断，所带通信设备负载将立即掉电并无法运行，而且恢复时间长，恢复难度大，所造成的通信电路中断、通信系统瘫痪会直接影响通信网络的畅通，从而造成恶劣的社会影响，导致巨大的经济损失。

除了要满足带载能力要求，对交流电源系统而言，严格意义上的不断电就是必须能够保障不出现大于10毫秒级的网络中断。而直流电源系统则必须保障工作电压稳定在允许变动范围内。

4. 对通信电源系统的基本要求

通信供电系统的结构应十分完善，必须由主用电源和备用电源组成。主用电源一般是两路或一路市电电源，备用电源分为短时间备用电源和长时间备用电源：短时间备用电源一般是蓄电池等储能装置；长时间备用电源是自备柴油发电机组或燃气轮机发电机组。正常情况下，通信电源系统对市电电源进行适当的变换和调节，为通信设备提供稳定可靠的电源；当市电电源发生故障时或当电源变换和调节设备发生故障时，先由短时间备用电源供电（由储能装置直接供电或经电力变换装置供电）；当市电长时间发生故障时，自备发电机组启动供电。配置这些电源设备和完善的电源系统目的是提高通信电源系统的可用性，不间断地满足各种通信设备的动力需求，保证通信网络万无一失。

5. 通信电源的核心

通信电源的核心是核心电源，是连续且直接地为通信网络设备提供达到一定品质的电，确保通信网络畅通的电源系统设备。

核心电源一旦投入运行后，就必须长年累月地在线运行，给通信设备供电。通信设备投入运行的先决条件是通信电源必须具备供电能力；只要通信网络中有一台设备没有退网，通信电源就不能停止供电。因此，核心电源是通信网络中“最早上岗、最迟下岗”的电源系统设备。

由此划分，直流电源系统、交流 UPS 系统和在线放电状态下的蓄电池组等是通信电源的核心。通信电源系统如图 3-2 所示。虽然市电是通信电源的常规电力源，但它和油机、后备状态下的蓄电池组等系统设备都是可以允许瞬断或中断的，因此它们只是后备的通信电源系统。

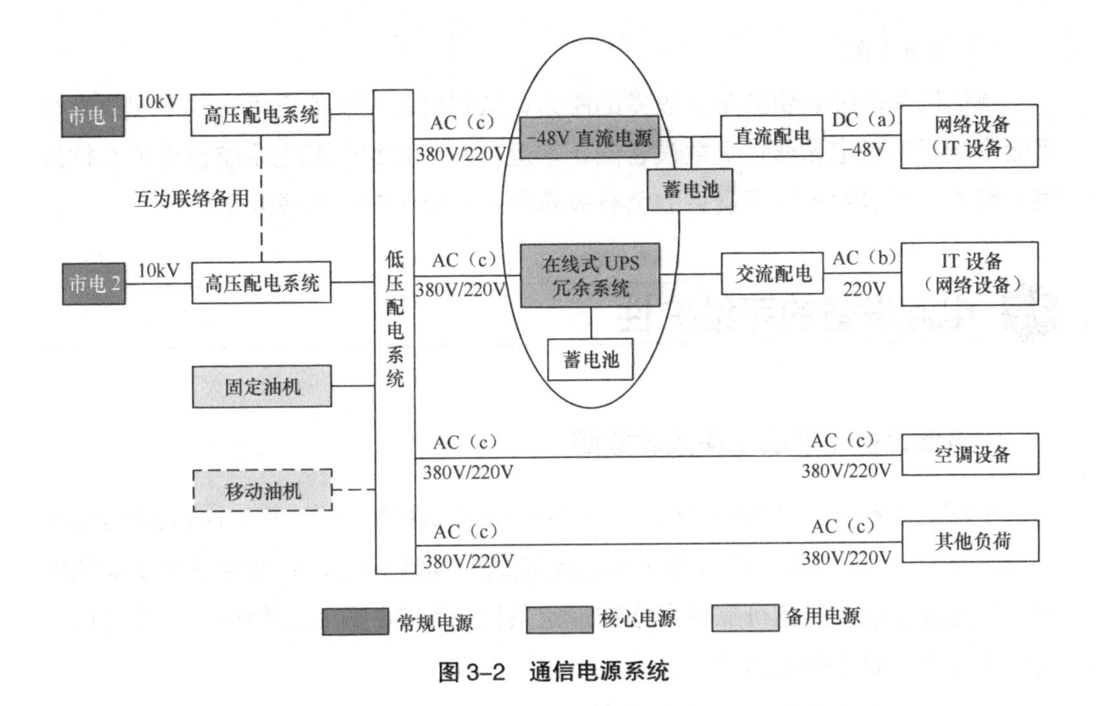

图 3–2　通信电源系统

6. 高可用性通信电源系统的关键要素

为了保证供电的高可用性，通信电源特别是核心电源必须具备以下 4 个关键要素。

1）可靠性

各种电源设备、各种开关、转换开关和其他配电设备必须非常可靠，具有很高的平均无故障工作时间指标。在设计通信电源系统时，力求简单可靠，采取消除或减少单点故障的设计方法以提高可靠性。

2）功能性

各种电源设备必须能稳定供电，各项输出指标满足质量要求。供电电压过高会引起通信负载设备元器件损坏，供电电压过低又会影响通信系统的正常运行。直流供电系统的衡重杂音电压过高会影响电话通话质量；脉动电压过高会使数据通信设备的误码率增加。交流 UPS 应能抑制市电电源的各种干扰，干扰可能引起互联网传输速率下降、数据丢失等，甚至导致网络瘫痪。

3）可维修性

通信电源系统的设计必须使所有电源系统元件能够在通信系统正常供电的情况下被维护，一般称为“同时维护”，即通信电源系统的一部分设备在正常运行的同时，维护人员可以对另一部分电源设备进行维护。

4）故障容限

通信电源系统必须具备抗故障的能力，做到电源系统的任何元件出现故障都不会影响正常供电和通信负载设备的正常运行，而且整个配电系统也必须有抗故障的能力，可以弥补不可避免的负载故障和人为操作错误造成的影响。

3.2 电源设备的可维护性

1. 电源设备（产品）失效和故障

在GB/T 2900.13—2008《电工术语 可信性与服务质量》中，可靠性（Reliability）的定义是："产品在给定的条件下和在给定的时间区间内能完成要求的功能的能力。"通俗来说，所谓可靠性是指在规定条件下和在规定时间段内，产品可以正常使用（不失效）的能力。

产品的工作状态分类如图3-3所示。

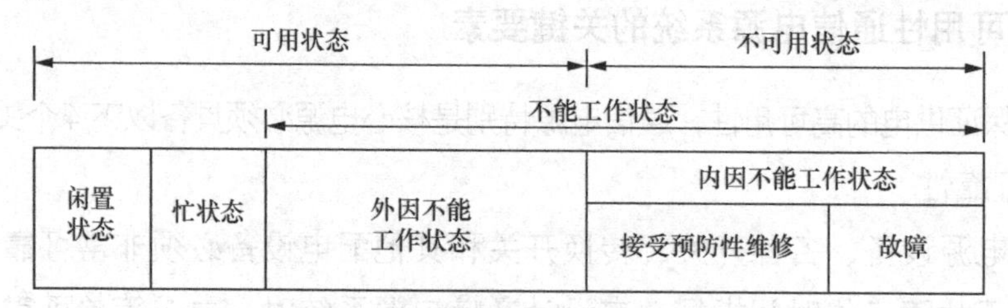

图3-3 产品的工作状态分类

"失效"和"故障"的区别在于：失效是一次事件，故障是一种状态。故障通常是产品自身失效引起的，但即使失效未发生，故障也可能存在。产品失效后，即处于故障状态。

2. 失效率

失效率是指在某一时刻尚未失效的产品，在该时刻后的单位时间内发生失效的概率，也称为瞬间失效率。通信电源设备与许多电气设备类似，其失效率随时间变化的情况遵循一条典型的失效率曲线。这条曲线具有两头高、中间低的特点，大家习惯称之为"浴盆曲线"。失效率的"浴盆曲线"如图3-4所示。

电源系统设备的失效可分为早期失效期、偶然失效期和耗损失效期3个阶段。

1）早期失效期

早期失效发生在电源系统设备投入运行的初期，是设计、制造、装配不良或未经磨合等原因造成的。其特点是开始时失效率高，而后随运行时间的增加失效率逐渐降低。

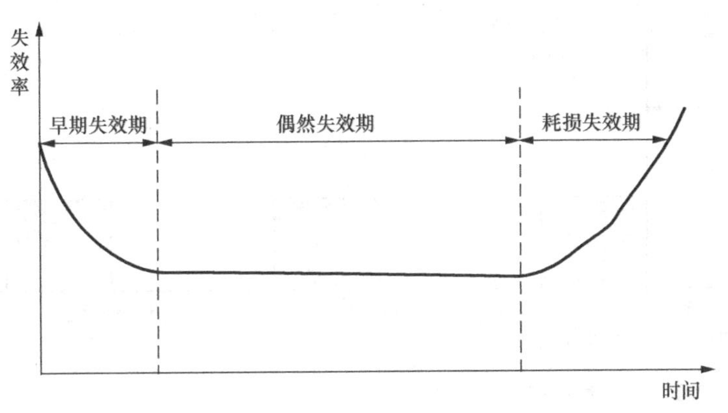

图 3-4　失效率的“浴盆曲线”

2）偶然失效期

偶然失效发生在电源系统设备正常运行阶段，是由一些复杂的、不可控制的、甚至未知的因素造成的。其特点是失效率基本恒定，数值低，可近似地看成一个常数。

3）耗损失效期

耗损失效也称为老化失效，发生在电源系统设备运行时间接近有效使用期限或超过有效使用期限之后，主要是由磨损、老化等原因造成的。其特点是失效率随工作时间的增长急剧上升。

3.3 电源设备的可靠性

1. 可靠性及其量度

可靠性可以用概率来定量化量度，这种概率称为“可靠度”。在GB/T 2900.13—2008《电工术语 可信性与服务质量》中，可靠度是指产品在给定的条件下和给定的时间区间（t_1,t_2）内能完成要求的功能概率，可靠性的时间区间用R（t_1,t_2）表示。

2. 可靠性的指征

可靠性一般用以下指征来衡量。

1）平均首次失效前时间（Mean Time to First Failure，MTTFF）

MTTFF 表示产品首次处于可用状态直至失效的平均总持续工作时间，单位为小时。MTTFF 如图 3-5 所示。

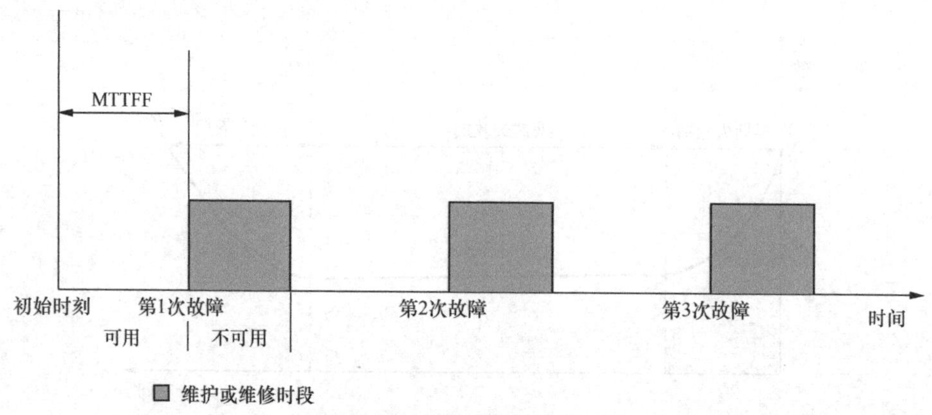

图 3-5 MTTFF

2）平均失效时间（Mean Time to Failure，MTTF）

MTTF 表示产品首次处于可用状态直至失效或从恢复时刻起到下次失效的平均总持续工作时间，单位为小时。MTTF 如图 3-6 所示。

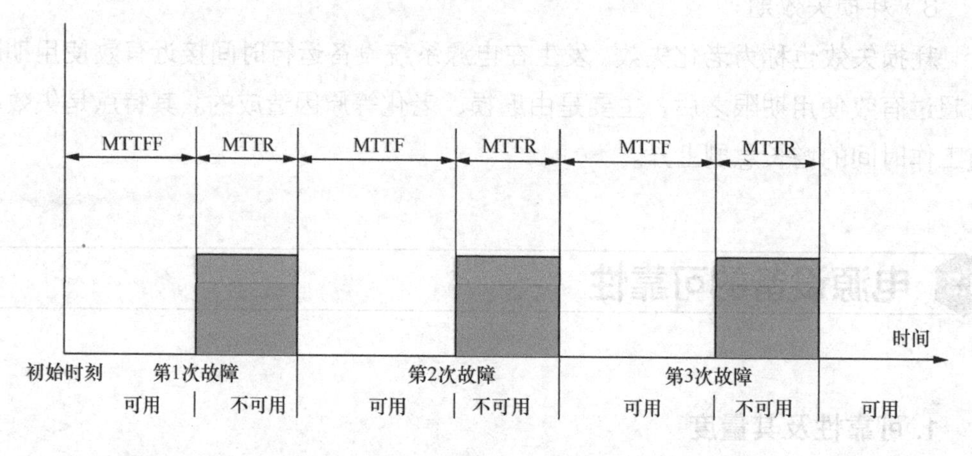

图 3-6 MTTF

当 MTTF 应用于不可维修产品时，它表示产品从可用（正常运行）状态到失效所用的平均持续时间，即为 MTTFF。

3）平均失效间隔时间（Mean Time Between Failure）

平均失效间隔时间表示被修理的产品相邻两次失效之间的平均持续时间，实际上，这种意义上的缩写“MTBF”已被拒用。平均失效间隔时间如图 3-7 所示。

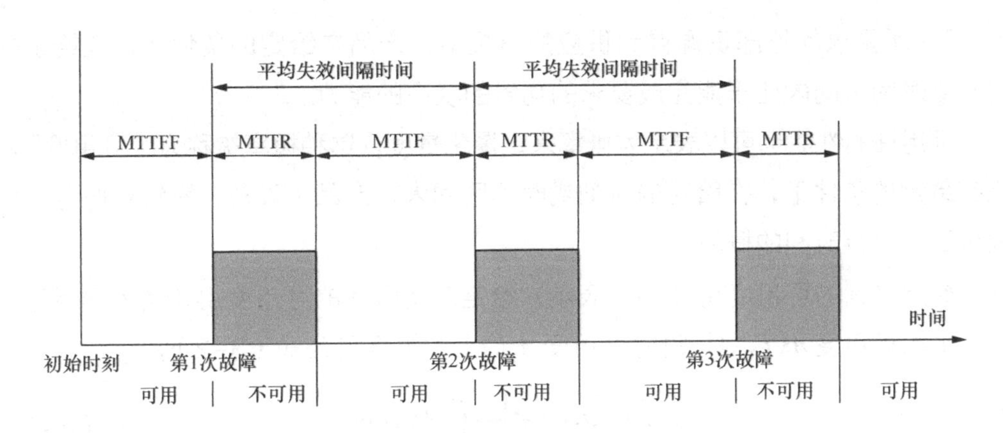

图 3–7　平均失效间隔时间

4）平均无故障工作时间（Mean Time Between Failures，MTBF）

就可维修产品而言，MTBF 表示修理的产品相邻两次失效之间的平均持续工作时间，也称为平均无故障工作时间或平均故障发生间隔时间。MTBF 如图 3–8 所示。

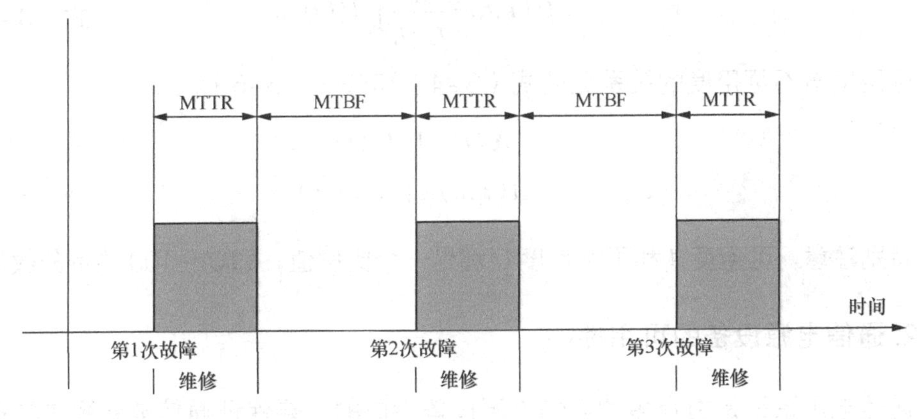

图 3–8　MTBF

一般的电子电器产品可近似认为寿命服从指数分布。而具有寿命服从指数分布特征的产品，其 MTBF 是设备失效率的倒数，即公式（3–1）。

$$MTBF = \int_0^{\infty} e^{-\lambda t} dt = \frac{1}{\lambda} \qquad \text{式（3–1）}$$

3.4 电源设备的可用性

1. 可用性及指征

在 GB/T 2900.13—2008《电工术语 可信性与服务质量》中，可用性被定义

为："在所要求的外部资源得到供应的情况下，产品在给定的条件下，在给定的时刻或时间区间内处于能完成要求的功能的状态的能力。"

可用性的性能也可以表示为概率来定量化量度，这种概率被称为"可用度"，指在给定的条件下，在给定的时刻或时间区间内，产品（设备、系统或服务）能提供正常运行时间的概率。

给定时刻的可用度用 $A(t)$ 表示；给定时间区间的可用度用 $A(t_1,t_2)$ 表示。

平均可用度 $A(t_1,t_2)$ 与瞬时可用度 $A(t)$ 的关系见公式（3-2）。

$$\overline{A}(t_1,t_2)=\frac{1}{t_2-t_1}\int_{t_1}^{t_2}A(t)\,\mathrm{d}t \qquad 式（3-2）$$

同样，可用性的性能也可以用"不可用度"来定量化量度。

给定时刻的不可用度用 $U(t)$ 表示；给定时间区间的可用度用 $\overline{U}(t_1,t_2)$ 表示。

平均不可用度 $\overline{U}(t_1,t_2)$ 与瞬时不可用度 $U(t)$ 的关系见公式（3-3）。

$$\overline{U}(t_1,t_2)=\frac{1}{t_2-t_1}\int_{t_1}^{t_2}U(t)\,\mathrm{d}t \qquad 式（3-3）$$

可用度与不可用度的关系见公式（3-4）和公式（3-5）。

$$\mathrm{A}(t)=1-U(t) \qquad 式（3-4）$$

$$A(t_1,t_2)=1-U(t_1,t_2) \qquad 式（3-5）$$

特别注意，可用度 A 和不可用度 U 都是一个比例值，即0～100的百分数值。

2. 通信电源设备的可用性

通信电源系统是由众多的通信电源设备组成的。要保证通信电源系统具备一定的可用性能，确保通信供电的安全、可靠、不间断，首先必须保证设备的正常运行，即保证通信电源设备的可用性。

通信电源设备可用性是衡量通信电源设备的一项重要综合性质量指标。通信电源设备的可用性 $A(t)$ 可以用 MTBF 和 MTTR 表示，见公式（3-6）。

$$A=\frac{MTBF}{MTBF+MTTR} \qquad 式（3-6）$$

通信电源设备的可用性也可以用不可用度 U 来衡量，可以简化为失效时间与正常供电时间和失效时间之和的比，见公式（3-7）。

$$U=\frac{T_{失效}}{T_{失效}+T_{正常}} \qquad 式（3-7）$$

其中：

U——通信电源系统不可用度；

$T_{失效}$——通信电源系统失效时间；

$T_{正常}$——通信电源系统正常供电时间。

3. 提高通信电源设备可用性的途径

通信电源设备的可用性主要取决于设备本身的可靠性和可维修性。因此，提高电源设备的可用性主要有以下措施。

1）设备的可靠性

通过电子电路结构、元器件的选择、生产工艺和质量控制等措施，降低设备的早期失效率和偶然失效率；确保设备在有效使用期限内运行，降低耗损失效率，保证系统中各设备本身的可靠性。

2）设备的模块化

通过模块化的系统结构，实现增加系统内的关键设备的冗余配置和可热插拔维修，有效缩短修复时间，从而提高系统的可维修性。

3.5 电源系统的可用性

1. 电源系统的可用性

电源系统是由若干电源设备构成的。系统的可用性取决于设备可用性和系统结构。按照供电系统故障与电源设备故障之间的关系，可以把供电系统分为串联系统和冗余系统两大类。

1）串联系统

串联系统又称为基本系统，从实现系统功能的角度，它是由各设备串联组成的系统。串联系统的特征是，只要构成系统的一个设备发生了故障，整个系统就会发生故障。串联系统如图 3-9 所示。

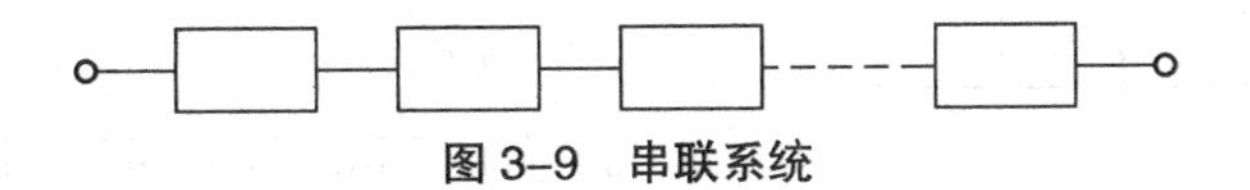

图 3-9　串联系统

由若干个设备组成的串联系统的可用度等于各设备可用度相乘，见公式(3-8)。

$$A = A_1 \times A_2 \times \ldots\ldots \times A_n = \prod_{i=1}^{n} A_i \qquad 式（3-8）$$

设备可用度是 0 ～1 的百分数值，因此串联系统的可用度必定低于设备的可用度，并且串联的设备越多，串联系统的可用性越低。

2）冗余系统

冗余是把若干设备附加在构成基本系统的设备之上，用于提高系统可靠性的方式。附加的设备被称为冗余设备，含有冗余设备的系统被称为冗余系统。

冗余系统的特征是，当只有一个或几个设备发生故障时，系统不一定发生故障。根据实现冗余的方式不同，冗余系统可分为并联系统、备用系统和表决系统。

（1）并联冗余系统

在并联系统中，冗余的设备与原有的设备并行工作。冗余设备的数量（冗余度）不同，只要其中的若干设备不发生故障，系统就能正常运行。并联冗余系统如图 3-10 所示。

并联冗余系统的不可用度等于各设备不可用度的乘积，见公式（3-9）。

$$U = U_1 \times U_2 \times \cdots\cdots \times U_n = \prod_{i=1}^{n} U_i \qquad 式（3-9）$$

并联冗余系统的可用度见公式（3-10）。

$$A = 1 - U = 1 - (U_1 \times U_2 \times \cdots\cdots \times U_n) = 1 - \prod_{i=1}^{n} U_i \qquad 式（3-10）$$

并联冗余系统的可用度高于设备的可用度，并且并联的设备越多，系统的可用度越高。但是，随着并联设备数量的增加，系统可用度提高的幅度将越来越小。并联冗余系统的可用度如图 3-11 所示。

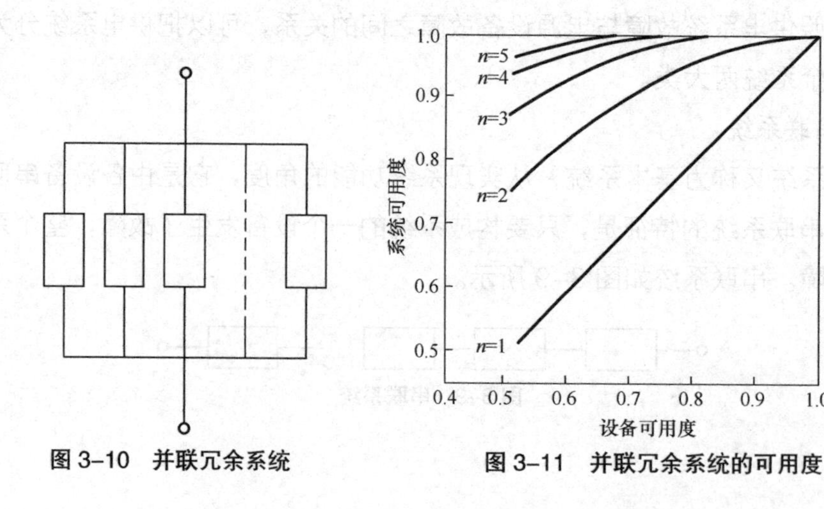

图 3-10　并联冗余系统　　图 3-11　并联冗余系统的可用度

（2）备用冗余系统

备用冗余系统的冗余设备平时处于备用状态，当原有设备发生故障时才投入运行。为了保证备用冗余系统的可靠性，必须有可靠的故障检测机构和使备用设备及时投入运行的转换机构。

（3）表决冗余系统

构成系统的 n 个设备中的 k 个设备不发生故障，系统就能正常运行冗余系统，这被称为表决冗余系统。表决冗余系统的性能介于串联系统和并联冗余系统之间，具有较高的灵敏度和一定的抗干扰性。

2. 提高供电系统可用性的措施

要提高电源系统的可用性，除了要提高设备本身的可用性，还要根据实际情况采用不同的系统级冗余方式。

以交流 UPS 系统为例，常见的系统级冗余方式有以下 3 种方式。

1）备用冗余交流 UPS 系统

备用冗余交流 UPS 系统也被称为串联冗余交流 UPS 系统。它将备用冗余的 UPS 设备接在主用 UPS 设备的旁路。当主用 UPS 出现故障退出时，自动倒换到旁路运行，旁路上的备用 UPS 设备自动投入运行，从而保证系统的输出继续保持不间断供电。备用冗余交流 UPS 系统如图 3-12 所示。

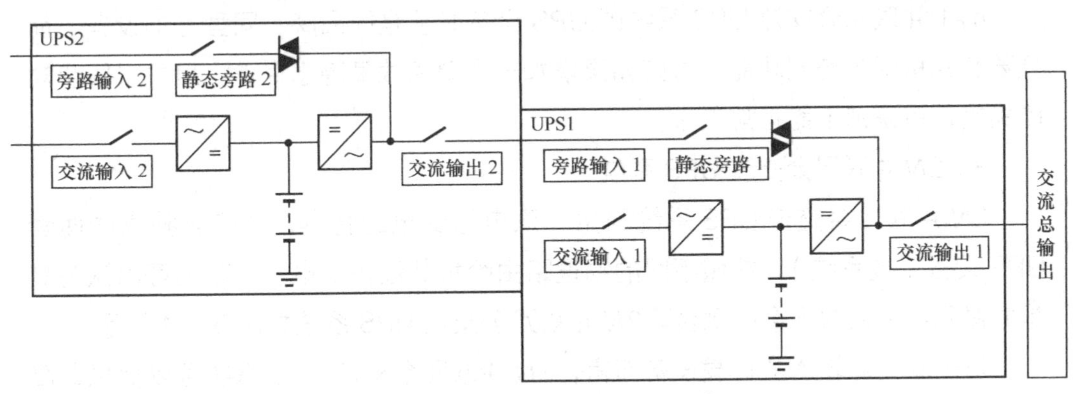

图 3-12　备用冗余交流 UPS 系统

备用冗余交流 UPS 系统中主用和备用的 UPS 设备可以采用不同品牌、不同型号的设备，其系统的输出容量应以较小的一台 UPS 设备为准。

2）n+1 并联冗余交流 UPS 系统

n+1 并联冗余交流 UPS 系统是将 n+1 台 UPS 设备的输出并联在一起。其中，n 台为主用，1 台为备用，提供 n+1 的冗余能力。常见的 2+1 并联冗余交

流 UPS 系统如图 3–13 所示。

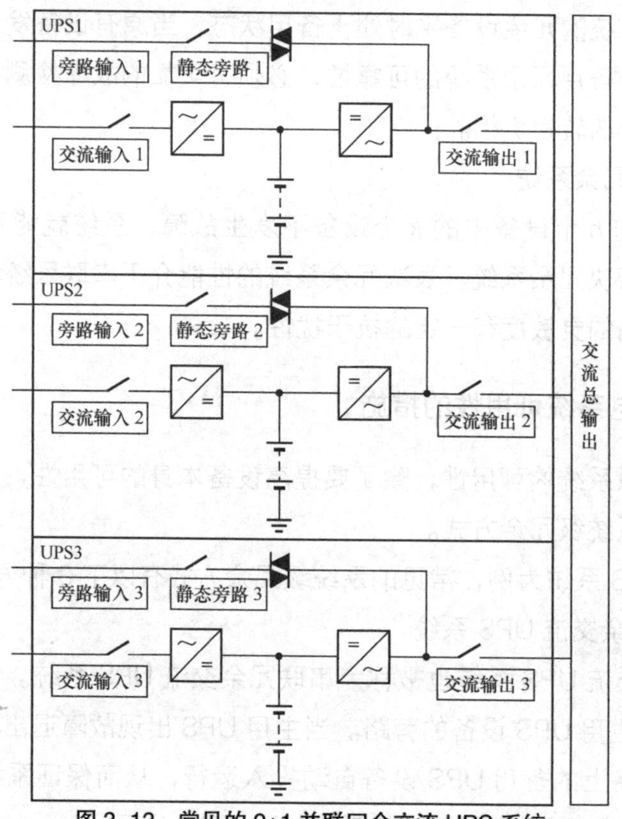

图 3–13　常见的 2+1 并联冗余交流 UPS 系统

n+1 并联冗余交流 UPS 系统的 UPS 设备必须是同品牌、同型号的设备，而且要有并机同步控制功能。否则如果增加一个单点故障隐患点，一旦并机同步功能失效，系统则不能正常工作。

3）2N 并联冗余交流 UPS 系统

2N 并联冗余交流 UPS 系统利用了双电源受电的特点，由完全独立的两套 UPS 设备（或系统），按照不同的物理路由给负载设备供电。实际上可以认为其是并联冗余和表决冗余的融合。2N 并联冗余交流 UPS 系统如图 3–14 所示。

对于双电源输入的负载设备而言，2N 并联冗余交流 UPS 系统可以提供最高等级交流 UPS 系统的供电可用性。

2N 并联冗余交流 UPS 系统中的两台 UPS 系统（设备）不需要同步，可以用不同品牌、不同型号的系统（设备），系统的输出容量应按较小的一台 UPS 系统（设备）计算。

为了增加系统容量和冗余度，2N 并联冗余交流 UPS 系统中单套 UPS 系统也可以采用 n+1 并联冗余 UPS 系统。

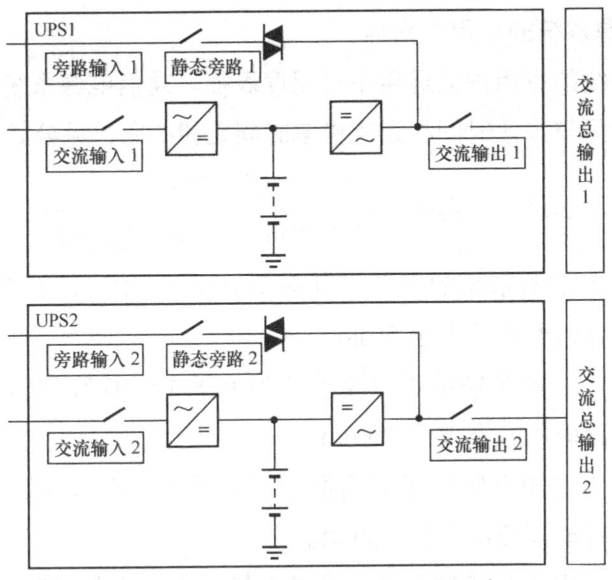

图 3–14　2N 并联冗余交流 UPS 系统

3. 通信电源系统的可用性指标

YD/T 1051—2018《通信局（站）电源系统总技术要求》中，对通信局（站）的市电供电分类和不可用度指标及通信电源系统的可用性指标做了明确的规定。

1）市电供电方式分类和不可用度指标

市电的不可用度是指统计期内市电停电的时间与统计期时间的比，见公式（3–11）。

$$\text{市电不可用度}=\frac{\text{市电停电时间}}{\text{统计期时间}}=1-\text{市电供电可靠性} \qquad \text{式（3–11）}$$

各类市电供电方式分类和不可用度指标见表 3–1。

表 3–1　各类市电供电方式分类和不可用度指标

供电等级	平均年停电次数 / 次	平均年停电时间 /h	不可用度
一类	0.74	≤ 3.37	$\leqslant 3.85\times10^{-4}$
二类	1.12	≤ 4.29	$\leqslant 4.90\times10^{-4}$
三类	3.03	≤ 12.7	$< 1.45\times10^{-3}$
四类	—	—	$> 1.45\times10^{-3}$
	有季节性长时间停电或无市电可用		

2）通信电源系统的可用性指标

通信电源系统的可用性指标用不可用度表征。通信电源系统的不可用度是指电源系统失效时间与失效时间和正常供电时间之和的比，见公式（3–12）。

$$\text{电源系统不可用度}=\frac{\text{失效时间}}{\text{失效时间}+\text{正常供电时间}} \qquad \text{式（3–12）}$$

一类局（站）电源系统的不可用度应不大于 5×10^{-7}，即 20 年内，每个电源系统故障的累计时间应不大于 5min。

二类局（站）电源系统的不可用度应不大于 1×10^{-6}，即 20 年内，每个电源系统故障的累计时间应不大于 10min。

三类局（站）电源系统的不可用度应不大于 5×10^{-6}，即 20 年内，每个电源系统故障的累计时间应不大于 50min。

四类局（站）电源系统的不可用度参考值为 1×10^{-4}，即 1 年内，每个电源系统故障的累计时间参考值为 53min。

3.6 通信网络基础电源的演变

1. 直流 48V 供电制式

通信网络的直流供电系统，先后经历了 24V、–60V、–48V 等多种供电制式。基础电源是随着通信业务和通信设备的变化而形成的。自 20 世纪 70 年代以来，随着程控交换机成为公用电话交换网（Public Switched Telephone Network，PSTN）的基础核心，直流电源逐步统一为直流 48V 的供电制式，也自然成为通信网络基础电源的核心。长时间的实际应用也证明了直流 48V 供电技术的可用性能够满足通信网络供电保障的需求。因此，直流供电系统的基础电源主要采用标称电压为 –48V 的直流通信电源系统。

YD/T 1051—2010《通信局（站）电源系统总技术要求》中也有明确规定，我国的核心通信网络应采用 –48V 直流供电。新建通信局（站）应采用 –48V 直流基础电源，原有局（站）通信设备使用的 ±24V 直流基础电源仍可继续使用，不再扩容，直到这些通信设备停用为止。

移动基站属于通信网络的接入层面，是一种简化的通信电源系统，移动基站电源系统如图 3–15 所示。

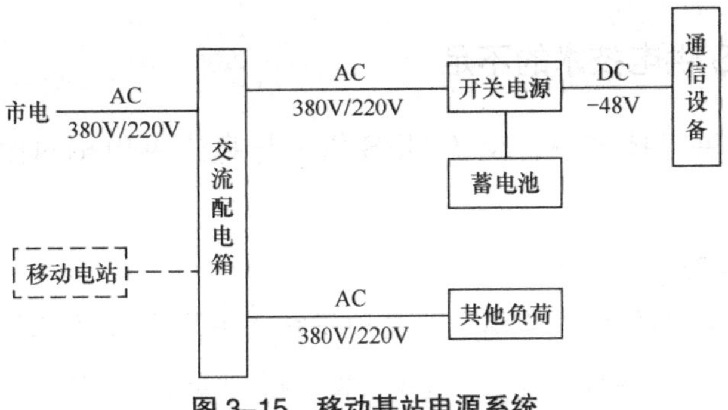

图 3–15　移动基站电源系统

2. “直流 48V+ 交流 220V” 供电制式

随着信息通信技术与计算机技术的有机结合，现代信息通信网络将以数据乃至信息通信业务为主导，IT 设备越来越多地在信息通信网络中得到广泛应用并成为主流发展趋势。从通用性考虑，IT 设备绝大部分是采用交流 220V 制式供电的，因此通信电源中应用了交流 UPS。也就是说，在“通信网络 + 数据网络”的时代，通信电源的核心是一种“直流 48V+ 交流 220V”供电制式的混合供电模式。“直流 48V+ 交流 220V”的通信电源系统如图 3–16 所示。

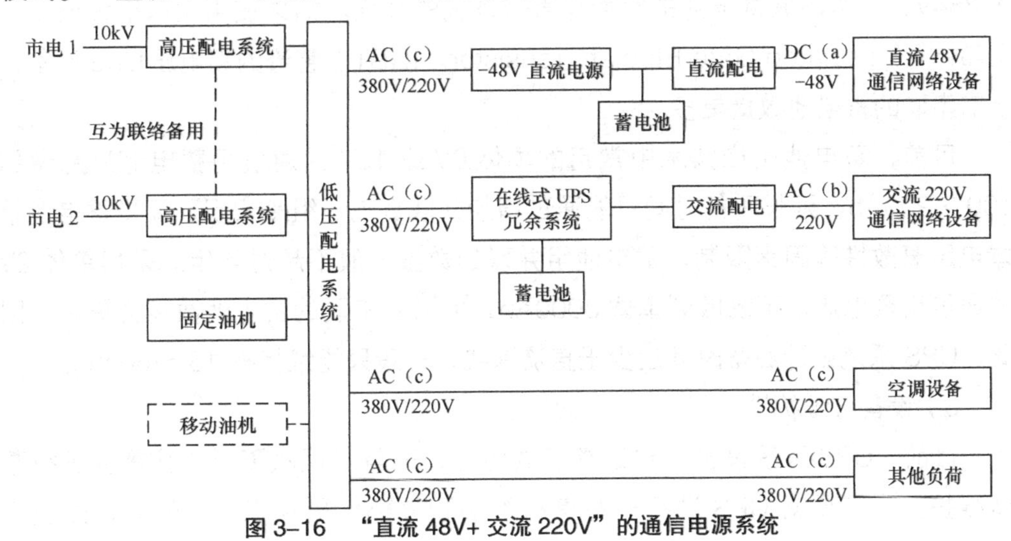

图 3–16　“直流 48V+ 交流 220V”的通信电源系统

从信息通信网络的发展趋势来看，信息网络 IT 与 IP 结合，并向着 IP 化的互联网发展。采用交流供电的设备将越来越多，而且负载功耗也越来越大。这说明，直流 48V 电源的供电保障作用正在逐渐减弱，其“通信网络基础电源的核心”地位逐渐不保。未来，信息通信网络势必偏重以交流不间断供电 IT 类系统

设备为主。

3. 交流 UPS 供电技术的不足

在通信网络供电技术中，交流 UPS 供电与直流供电相对比主要存在以下 4 个方面的问题。

1）系统可靠性

UPS 的技术发展很快，特别是随着电子技术发展和电子芯片集成度的提高，通过冗余备份技术，UPS 设备主机的可靠性得到保障。UPS 技术本身的性能特点，决定了 UPS 系统的可靠性并不高。从根本上说，UPS 系统的输入和输出都是交流电，而交流电本身的频率、相位及电压特性决定了它不能通过简单的并联方式实现冗余和备份，且必然有许多地方成为供电的单点故障点，出现故障后，无法用备份电源或备份回路及时保证供电和通信网络不中断。整体来看，在通信行业使用 UPS，其供电可靠性仍远逊于直流供电系统。

2）系统后备时间

因为 UPS 的工作电压比通信网络使用的直流基础电压高，所以 UPS 可以输出更大的供电功率，但在后备时间上并没有优势。UPS 蓄电池组的工作电压高达 384V，所需串联蓄电池的数量是直流系统的 8 倍。如果使用类似绝缘栅双极型晶体管（Insulated Gate Bipolar Transistor，IGBT）整流的高电压 UPS 设备，所需串联的蓄电池数量更多。

目前，蓄电池生产技术中常用的单体 6V 或 12V 的通信用蓄电池只能做到 100～200Ah，延长后备时间只能通过增加并联蓄电池组来实现，而受蓄电池单体电压离散性等因素限制，蓄电池组并联的数量一般不超过 4 组。采用单体 2V 的通信用蓄电池，可以做到单体 3000Ah，但需要串联的蓄电池数量会更多。因此，UPS 系统设计后备时间远少于直流系统，一般只能维持在 15～60min。

3）设备可维护性

目前，UPS 系统设备主要以整机式为主，一旦出现故障，往往需要进行整体维护。当需要对 UPS 进行一些例行维护和零部件更换工作（例如，改变设置、改变跳线、更换滤波电容、更换开关甚至维护蓄电池等），以及对设备进行并机、扩容等工作时，往往需要对设备断电甚至对系统断电才能进行操作，无法在线完成。

但是，随着 UPS 技术的发展，UPS 的自动控制和智能化程度也越来越高。许多检测功能和日常维护由 UPS 系统本身自动实现和完成，维护人员只需要在面板上进行操作和日常的清洁工作，这样可以大大减轻劳动的强度。但是，维护人员无法对技术和设备进行深入了解，当出现系统自动控制无法解决的故障而需要人工干预时，维护人员往往会束手无策。另外，一些设备厂商会对关键技术和资料进行封锁，深层次的数据采集和维护工作往往需要外接计算机和使用专用的加密软件来操作或通过主板上的地址跳线来实现，强迫用户必须依靠厂商解决问题，而厂商的售后服务往往不尽如人意，从而导致故障的延误修复。

4）客户的期望值与实际技术水平的差距

很多人对 UPS 的理解往往停留在字面上，对其期望值很高。大众会认为 UPS 是永不间断的电源，无法理解 UPS 系统为什么会出现断电或停电维修的情况。

传统的通信网络以话音通信为主，客户并不会直接感知通信网络的质量，例如，当通话中断时，客户只是认为通话质量差，会重拨一次。当今的通信网络已经逐步演变为一个以数据通信为主的数据通信网络，网络传送的数据信息越来越多，大众对信息通信网络质量的要求也越来越高，客户对供电质量的感知越来越直接。在日常使用中，一个微小的波动就会导致正在传送的数据位发生改变，更何况是出现停电或中断等大型事故。数据网络设备往往是用 UPS 供电的，因此，通信网络对 UPS 供电的要求非常高，对安全供电的要求也很严格。

综上所述，在通信网络采用交流 UPS 进行供电，是一种权宜之计，不能满足高可用性的“通信级”供电保障要求。

对于直流 –48V 供电技术而言，虽然直流 –48V 供电具有高可用性，但随着采用直流 –48V 供电的设备在网络中所占的比重越来越小，负荷功率也越来越小，直流 –48V 电源的供电保障作用也在逐渐减弱。

虽然服务器电源 SSI 规范有专门针对 –48V 供电的 DPS 子规范，但是现有使用交流 220V 供电的 IT 设备是不能直接使用直流 –48V 供电的。

当功率一定时，电压越低则电流越大，即 48V 供电在同等的负载功率输出时，工作电流几乎是 220V 供电的 5 倍。因此，在当前通信网络发展的形势下，采用直流 –48V 供电将越来越难以承受 IT 服务器设备的功耗和功率密度越来越大的需求。

4. 直流 240V 供电技术的优势

直流 240V 供电与传统的直流 –48V 供电系统类似，由多个并联冗余的整流模块和蓄电池组组成。正常情况下，整流模块将市电的交流 380V/220V 变换为标称电压为 240V 的直流输出，同时给蓄电池组补充电，当市电停止时由蓄电池

组放电，给负载设备供电。通信用直流 240V 供电技术主要用于替代交流 UPS 系统，在对负载设备尽量少变动的基础上兼容性地给原来使用交流 220V 供电的网络设备直接供电，从而充分利用直流供电的优势，减少交流 UPS 供电低可靠性、电流谐波干扰、成本和能源消耗及扩容维护难等问题，有效地提高对通信网络设备的供电保障能力。直流 240V 替代交流 UPS 供电工作原理如图 3-17 所示。

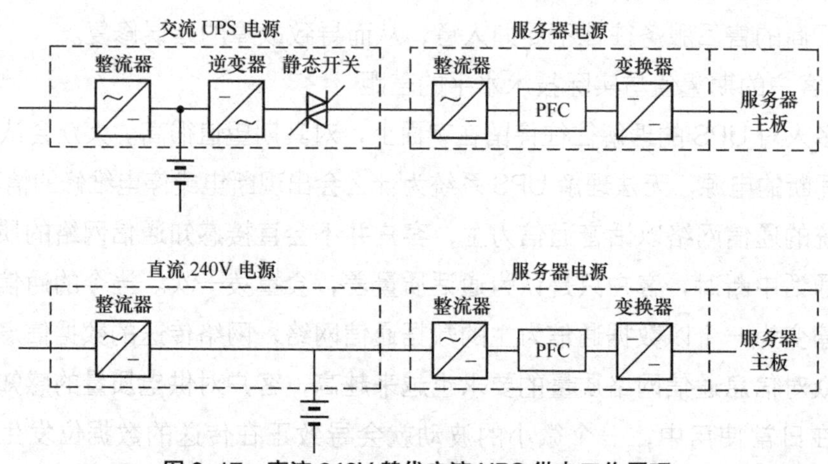

图 3-17　直流 240V 替代交流 UPS 供电工作原理

交流输出 UPS 备用能源配置及可靠性模型如图 3-18 所示，直流供电系统备用能源配置可靠性模型如图 3-19 所示。

交流 UPS 供电系统的备用能源可用性模型如图 3-18（b）所示，直流供电系统的备用能源可用性模型如图 3-19（b）所示。

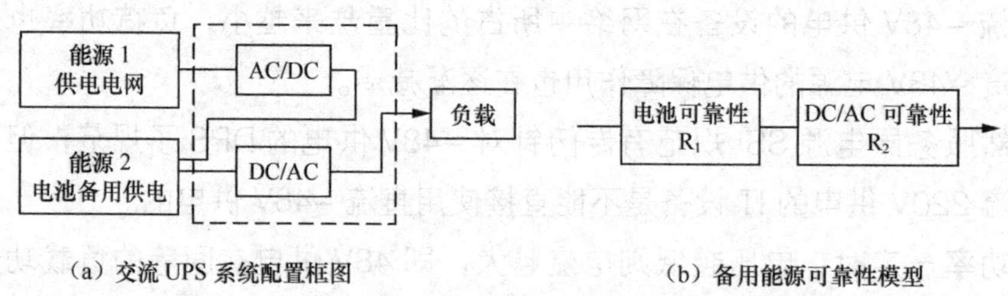

图 3-18　交流输出 UPS 备用能源配置及可靠性模型

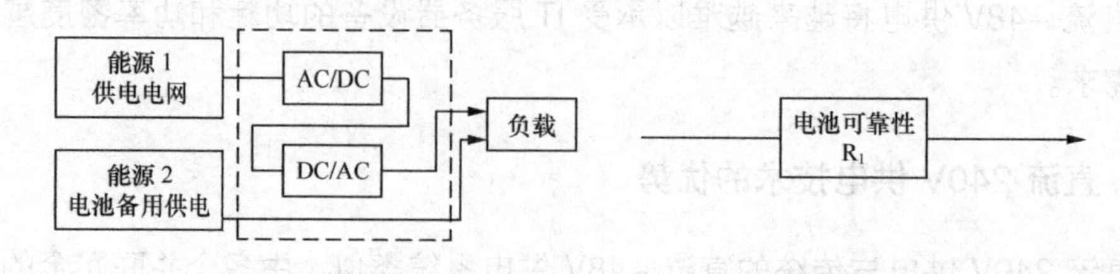

图 3-19　直流供电系统备用能源配置可靠性模型

根据供电系统可用性的分析，直流不间断供电系统的可用性远高于交流不间断供电系统。

直流 48V、240V 供电与交流 UPS 供电的比较见表 3-2。

表 3-2 直流 48V、240V 供电与交流 UPS 供电的比较

项目	交流 UPS 系统	直流 48V 系统	直流 240V 系统
波形	正弦波或方波	直线波形	直线波形
效率	较高	较高	较高
结构	整机	模块化	模块化
控制	对控制模块依赖性高	可自主控制输出	可自主控制输出
输入端谐波	有，且影响较大	有，但影响较小	有，但影响较小
工作电流	小	大	小
蓄电池供电	经逆变器	直接	直接
后备时间	较短	长	较长
并机条件	极性、电压、相位、频率相同	极性、电压相同	极性、电压相同
并机复杂程度	不可简单并接	可简单并接	可简单并接
单点故障点	多	少	少
在线更换	可行性小	可行性大	可行性大
维护性能	较低	较高	较高
可用性	低	较高	较高

由此可以看到，采用 240V 直流不间断供电是目前通信网络中最高等级不间断供电保障的首选，实际应用的情况也充分证明了这一点。

首先，在通信网络供电保障中，直流供电技术的可用性远高于交流 UPS 供电技术，采用直流供电模式，完全可以摆脱交流 UPS 供电技术的困境，达到直流 -48V 供电技术的高可用性水平，从而满足通信网络供电保障的要求。

其次，在输出功率相同的情况下，直流 240V 供电技术的工作电流只有通信用直流 -48V 供电技术的 20%。直流 240V 供电技术不仅传承了直流 -48V 供电

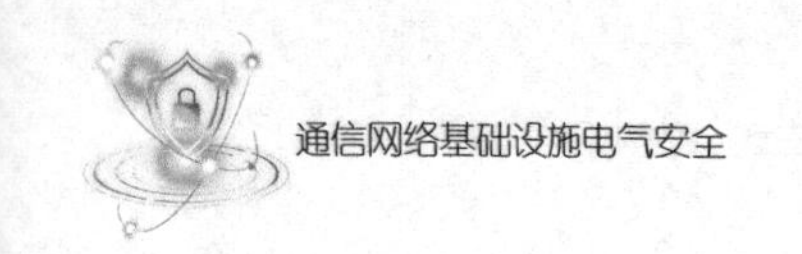

可用性高的优势，而且具有工作电流小、节省馈电导体材料、转换效率高等特点，可以满足网络设备越来越高的功耗要求。

重要的是，直流 240V 供电技术以交流 220V 供电兼容为基本原则，充分考虑了相关的兼容性问题，不需要对受电设备进行变动，不但适应广泛、方便推广，而且极具生命力。直流 240V 供电技术是伴随着交流 220V 供电技术而存在的。从电压兼容和安全的角度来看，只要我国的交流 220V 供电系统不改变，直流 240V 供电技术就有生存的空间。

5.“交流 220V/ 直流 240V”供电系统及分等级供电

1）“交流 220V/ 直流 240V”供电系统

“交流 220V/ 直流 240V”供电系统是指通信网络基础电源以“交流 220V/ 直流 240V”为核心，将通信网络的供电保障统一到“交流 220V”和“直流 240V”两种电压等级上，给兼容交流 220V 和直流 240V 的通信设备供电，并基于这两种电压等级实行分等级保障供电的一种供电保障模式。“交流 220V/ 直流 240V”供电系统如图 3-20 所示。

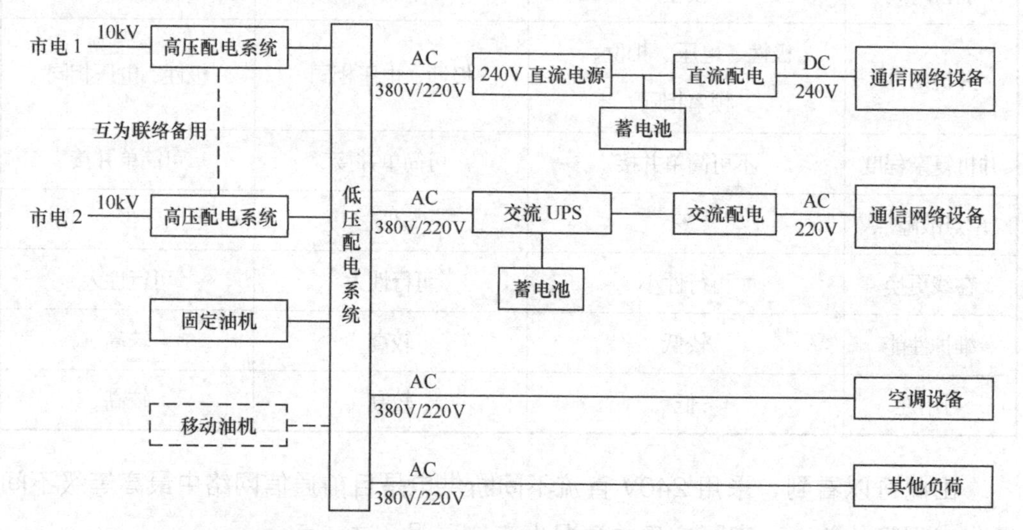

图 3-20 “交流 220V/ 直流 240V”供电系统

2）“交流 220V/ 直流 240V”分等级供电

通信网络采用“交流 220V/ 直流 240V”供电系统的分等级供电。“交流 220V/ 直流 240V”分等级供电如图 3-21 所示。

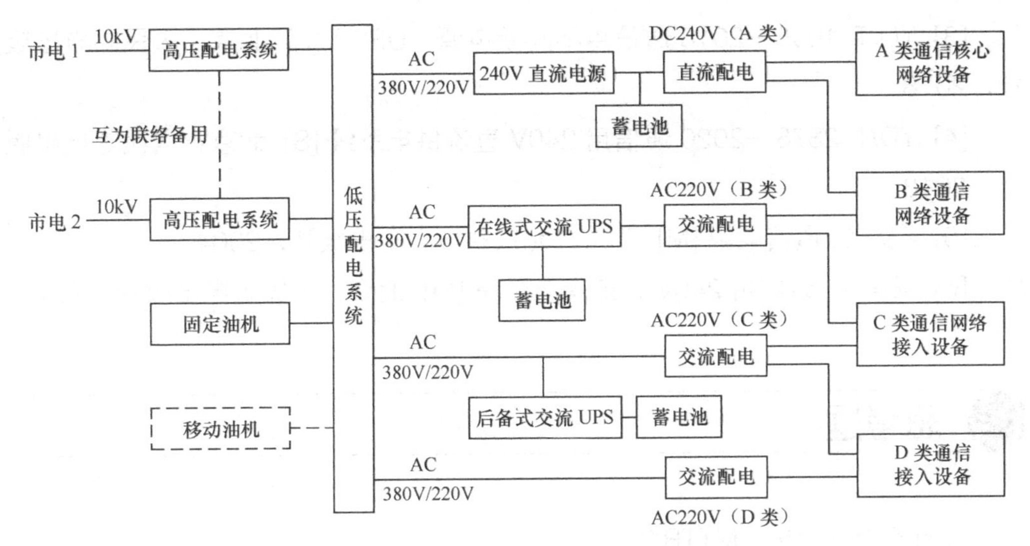

图 3–21 “交流 220V/ 直流 240V”分等级供电

① 如果网络的接入层面允许使用中断的系统设备（例如，图 3–21 所示的 D 类设备），则可以就近直接使用交流 220V 市电，不做任何不间断供电保障。

② 如果需要一般供电保障的通信网络或接入设备（例如，图 3–21 所示的 C 类设备），则可以使用后备式交流 UPS，通过相对分散的分布式供电，提供相应的供电保障。

③ 如果需要提供比较稳定的供电保障的通信网络系统和设备（例如，图 3–21 所示的 B 类设备），则可以使用在线式交流 UPS（包括模块化 UPS）甚至 *N*+1 并联冗余或 2*N* 独立双母线的 UPS 系统，采用交流 220V 供电。当然，也可以采用直流 240V 供电。

④ 在需要高可用性不间断供电保障的核心网络枢纽、互联网数据中心（Internet Data Center，IDC）、灾备中心等（例如，图 3–21 所示的 A 类设备），可以使用直流 240V 供电技术，以获得最高等级的供电保障服务。

参考资料

[1] GB/T 2900.13—2008 电工术语 可信性与服务质量 [S]. 北京：中国标准出版社，2008.

[2] YD/T 1051—2018 通信电源总体技术要求 [S]. 北京：人民邮电出版社，2018.

[3] YD/T 1095—2018 通信用不间断电源（UPS）[S]. 北京：人民邮电出版社，2018.

[4] YD/T 2378—2020 通信用 240V 直流供电系统 [S]. 北京：人民邮电出版社，2018.

[5] 漆逢吉. 通信电源 [M]. 北京：北京邮电大学出版社，2004.

[6] 侯福平. 通信用 240V 直流供电系统 [M]. 北京：人民邮电出版社，2014.

思考题

1. 什么是 MTBF、MTTR？
2. 什么是供电系统的可用性?
3. 可用性与可靠性有什么区别?
4. 为什么要应用通信用直流 240V 供电技术?

第四章

通信网络基础设施电气安全特点

4.1 通信业安全生产的特点

1. 通信业生产的特点

通信业生产具有以下特点。

1）具有极高的时效

时效性是通信的灵魂。时效性的核心是“快”，否则将完全失去通信的意义。如果通信不能发挥时效性的优势，将没有生命力。根据这个特点，要求通信生产必须做到：保持通信线路、设备运行良好；科学地组织由各通信网点和通信线路有机连接起来的通信网；按照连续性、比例性、节奏性的要求合理组织生产。

2）全程全网，协调配合

通信业的生产活动不是实物原件的传递，而是信息的复制和再现，这就要求通信网络的传输质量良好，以及全网全程中各个环节的高度协调，严密配合。

3）需要与服务对象互动

通信业的生产活动是用户直接参与共同完成的。用户使用通信手段的正确与否，直接影响信息的传递，因此通信手段必须具有广泛的宣传和具体的指导。

4）信息来源不确定

信息来源和结构受社会经济体制、经济和技术的发展影响很大。

5）技术密集、复杂程度高

通信传递信息主要依靠技术设备，随着电子技术的飞速发展，通信的新业务不断涌现。

2. 通信生产安全的特点

通信生产具有“全程全网、联合作业”的特点，并且通信生产过程中存在着诸多危险因素。通信生产不但要求参与通信生产的所有设备、设施的技术性能要安全、可靠；同时还要求操作、使用这些设备、设施的人员具有迅速、准确、安全的操作技能。因此，在研制、采用相应的安全技术措施时，应首先考虑该项安全技术措施的可靠性。

通信生产的特殊性使通信业的安全技术同样分为通信生产安全技术和辅助生产安全技术：通信生产安全技术是指为防止通信生产过程中的危险因素对从业人员可能造成人身伤害而采取的各种预防性技术措施的总称；辅助生产安全技术是指在通信业中为通信生产服务的其他生产（例如，电力供应、设备维修、采暖通风、物资供应等）过程中所需采取的安全技术措施。

4.2 高 / 低压变配电系统

1. 高 / 低压变配电系统的作用和组成

通信网络的高 / 低压变配电系统是从电源线路进通信局（站）起经过高 / 低压供配电设备到负载为止的整个电路系统，主要作用是将高压的市电（10kV 或更高）转换为 380V/220V（0.4kV），并提供相应的配电倒换、控制及保护功能。

高 / 低压变配电系统主要由高压变配电系统、变压器、自动转换开关电器（Automatic Transfer Switching Equipment，ATSE）、低压配电系统等组成。A 级数据中心高 / 低压变配电系统结构如图 4-1 所示。

以交流 380V/220V（0.4kV）电压等级为分界，高于这个电压等级（虚框部分）为高压变配电系统，低于这个电压等级为低压配电系统。

2. 高 / 低压变配电系统电气安全重点

从安全管理方面考虑，通信网络的高 / 低压变配电系统应关注的重点包括以下内容。

1）开关设备的分断能力和过流保护能力

通信网络的高 / 低压变配电系统作为控制的手段，大量使用了各种各样的开关设备和元器件。例如，断路器（微型断路器、塑壳断路器、框架断路器等）、熔断器（熔丝、保险器等）、开关（功率开关、闸刀开关、刀熔开关等）及接触器等。开关设备和元器件如图 4-2 所示。

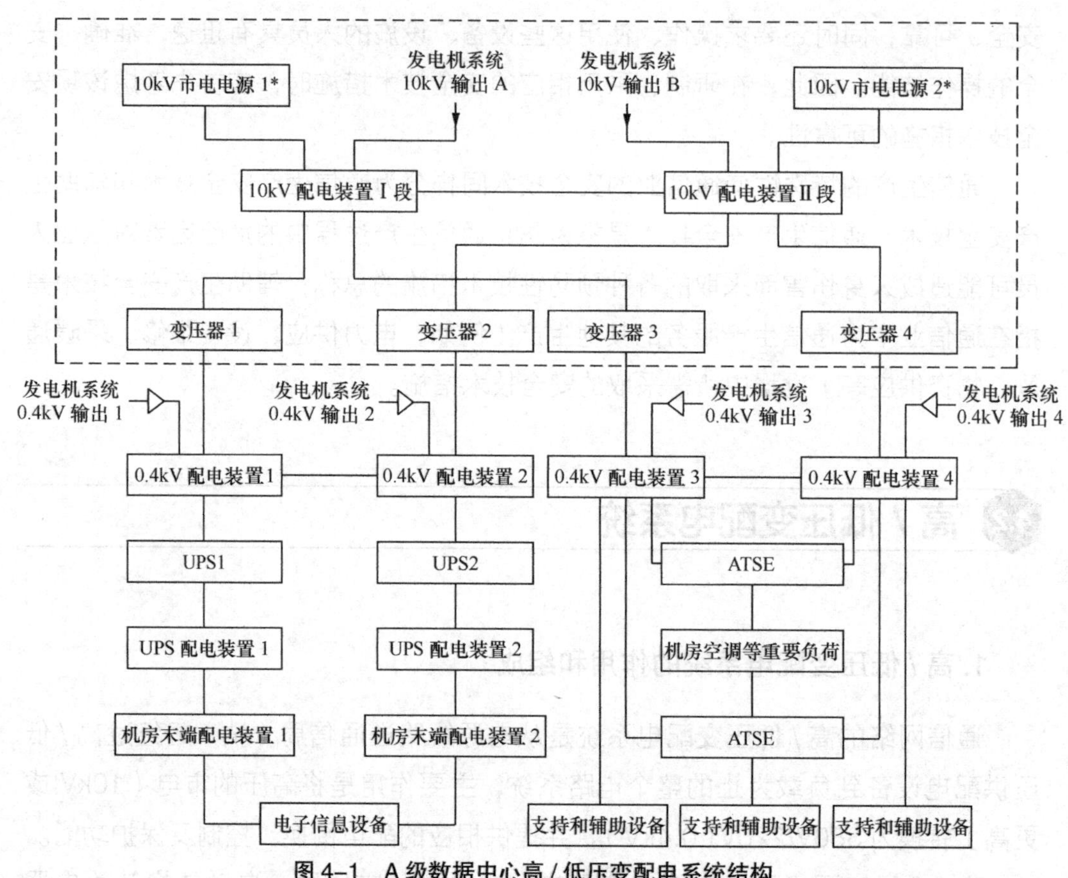

图 4-1 A 级数据中心高 / 低压变配电系统结构

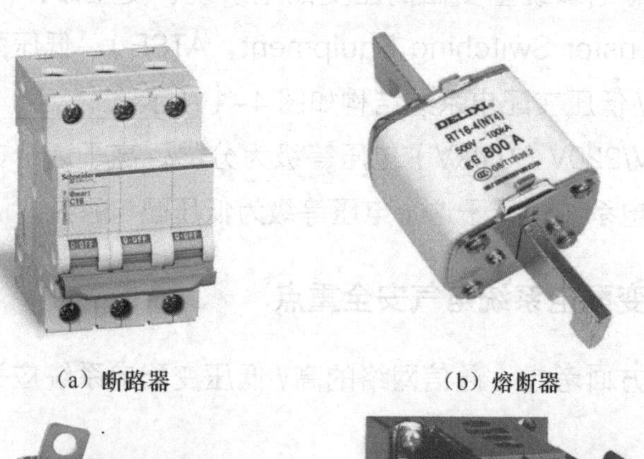

（a）断路器　　（b）熔断器

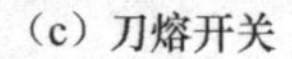

（c）刀熔开关　　（d）接触器

图 4-2 开关设备和元器件

实际操作中，对开关设备和元器件的要求是“该通需通，该断必断”。其中，断路器作为一种智能化程度较高的开关设备应用非常广泛，是一种基本的高/低压电器。断路器具有过载、短路和欠电压保护功能，具有保护线路和电源的能力，并可以根据需要设置整定，进行选择性保护。带整定功能的框架式断路器如图 4-3 所示。

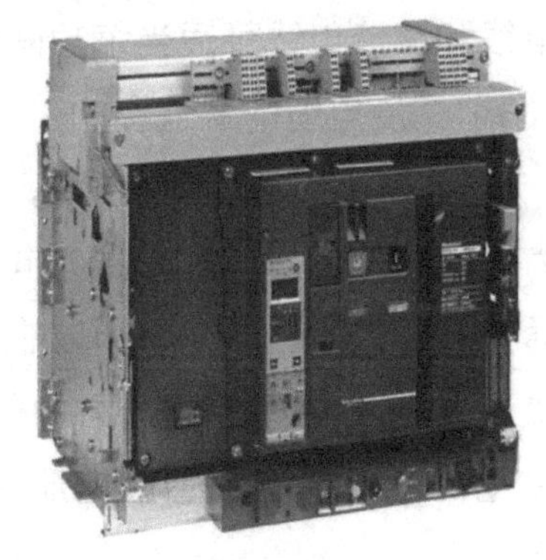

图 4-3 带整定功能的框架式断路器

如果对断路器的技术指标选择不当或设置相关保护参数整定不当，则非常容易产生故障隐患，导致重大掉电事故。

2）线缆安全及三线分离

通信机房内除了设备，还有大量的线缆，通信机房中的线缆如图 4-4 所示。这些线缆可以分为信号线、电源线和地线 3 类。其中，电源线可以细分为交流线和直流线；地线可以分为保护地线和工作地线。线缆的安全及工作正常与否，直接影响通信生产安全的全局。

图 4-4 通信机房中的线缆

信号线（通信线缆）、交流线、直流线统称为三线。

三线分离是交流线、直流线、信号线分开布线。对于平行走线间隔和交叉距离，不同行业有相应的规范。

机房的线缆均要求布放在走线架槽内。出于对安全的考虑，要将不同的线缆分开布放。规范布线及三线分离如图 4-5 所示。

图 4-5 规范布线及三线分离

原则上，三线之间至少保持 150mm 的距离，但考虑到机房的实际情况，直流电线和交流电线可适当缩短间距，并装上金属屏蔽套管。

3）交流电缆的涡流影响

在一根导体外面绕上线圈，并让线圈通入交变电流，线圈会产生交变磁场。因为线圈中间的导体在圆周方向是可以等效成一圈圈闭合电路的，闭合电路中的磁通量在不断发生改变，所以在导体的圆周方向会产生感应电动势和感应电流，电流的方向沿导体的圆周方向转圈，就像一圈圈的旋涡，这种在整块导体内部发生电磁感应而产生感应电流的现象被称为涡流现象。导体涡流现象如图 4-6 所示。

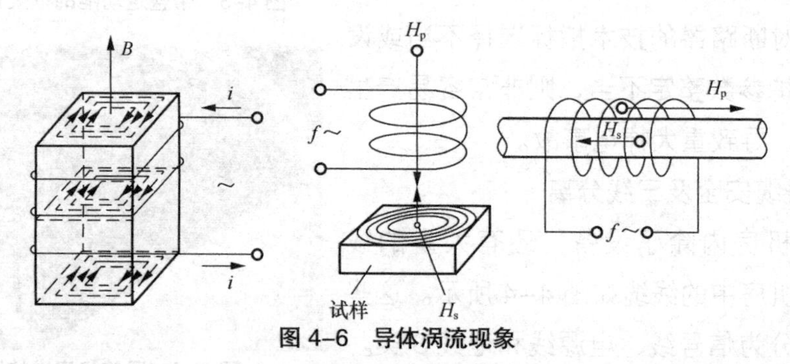

图 4-6　导体涡流现象

在电机和变压器中，涡流的存在使铁芯发生热损耗，同时，会削弱磁场，降低电气设备的效率，容量无法满足充实操作，因此，大部分交流电气设备的铁芯是用厚度为 0.35mm 或 0.5mm 的硅钢片叠成的，涡流不能从硅钢片间穿过，会削减涡流造成的损耗。

通信电源系统内有大量的交流电缆，特别是三相交流电缆。将三相交流电缆并行布放在一起，甚至在三相电缆外部设置金属的屏蔽保护罩，电缆与金属屏蔽罩之间会因电磁感应产生涡流。而涡流的发热效应是导致电缆乃至整个供电系统无法正常工作的安全隐患。

布放在室外、地下管道中的三相交流电缆，采用单相电缆嵌套在金属钢管（水管）作为安全保护措施。事实上这样更容易产生涡流，且发热积聚会越来越严重。

铠装电缆机械保护层可以装到任何结构的电缆上，以增加电缆的机械强度，提高防侵蚀能力，是专门为易受机械破坏和极易受侵蚀的地区而设计的电线电缆。铠装交流电缆可以采用任何一种方式敷设，更适用于室外管道或地下管道的直埋敷设。铠装交流电缆有一定的抗外力性能，还可以防止被老鼠撕咬，不会因为透过铠装而引发电力传输问题。铠装电缆弯曲半径要大，铠装层可以接地，保护电缆。更重要的是，铠装交流电缆内部是一种多芯电缆卷绕结构，可以有效抵消单根电缆产生的涡流。铠装交流电缆示意如图 4-7 所示。

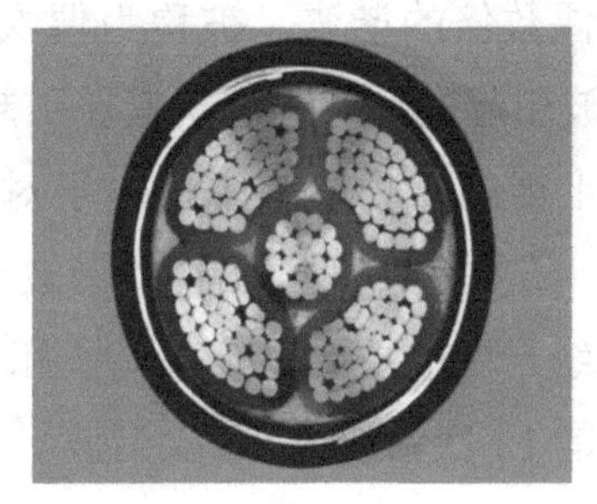

图 4-7　铠装交流电缆示意

4）谐波影响

理想、纯净的交流供电系统是只含有线性元件（电阻、电感及电容）的简单电路，电流和电压都是正弦波的。但是在实际的供电系统中，因为存在非线性负荷，所以当电流流过与所加电压不呈线性关系的负荷时，就会形成非正弦电流，产生谐波。

对周期性非正弦交流量进行傅里叶级数分解所得到的大于基波频率整数倍的各次分量，通常称其为高次谐波，而基波是指其频率与工频（50Hz）相同的分量。谐波是一种叠加在基波上的电力电路现象。电力系统中除基本波（50Hz）外，对周期性非正弦电量进行傅立叶级数分解，可以得到一系列大于电网基波频率的量，其被称为谐波。

谐波及其畸变影响如图 4-8 所示，该图清楚地展示了一个正弦波在 5 次谐波和 7 次谐波的影响下发生的畸变。

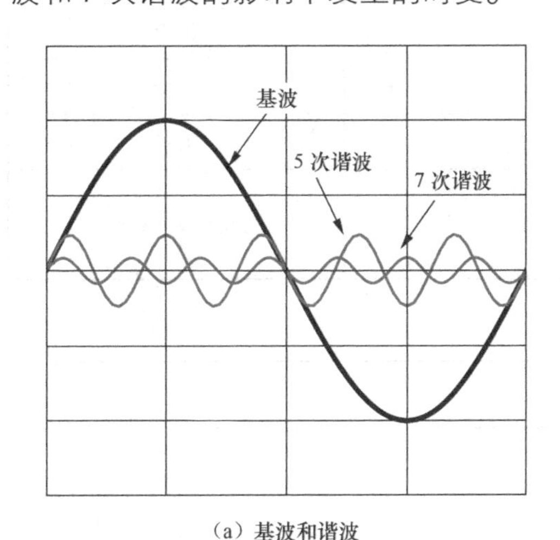

（a）基波和谐波

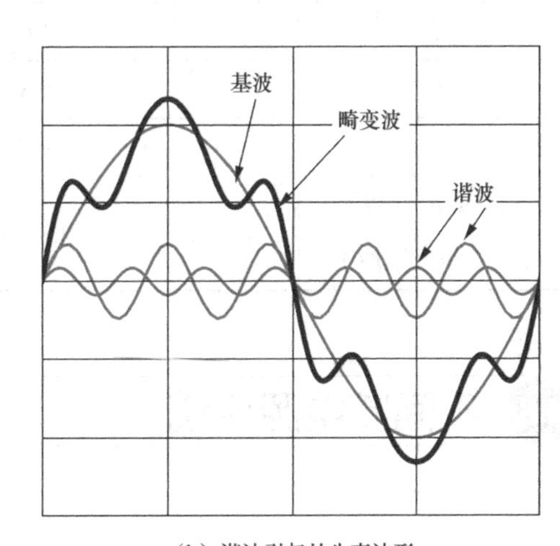

（b）谐波引起的失真波形

图 4-8　谐波及其畸变影响

根据频率的不同，谐波可以分为奇次谐波和偶次谐波。额定频率为基波频率

奇数倍的谐波，被称为奇次谐波，例如，3 次、5 次、7 次谐波；额定频率为基波频率偶数倍的谐波，被称为偶次谐波，例如，2 次、4 次、6 次、8 次谐波。奇次谐波引起的危害比偶次谐波引起的危害更多，造成的影响更大。

在平衡的三相系统中，由于对称关系，偶次谐波已经被消除，故只存在奇次谐波。三相整流负载出现的谐波电流是 $6n\pm1$ 次谐波。例如，6 脉冲工频交流 UPS 系统产生的主要是 5 次谐波和 7 次谐波；12 脉冲工频交流 UPS 系统所产生的主要是 11 次谐波和 13 次谐波。

谐波产生的根本原因是非线性负荷用电。通信电源是一种二次电源，因此对于通信电源系统而言，既要考虑电源系统本身所产生的谐波对电网的影响，又要关注非线性负载设备产生的谐波对通信电源系统的影响。

控制谐波最有效的方法就是从谐波源头抓起，将非线性负载电力电子设备所产生的谐波控制在一定的范围内，避免造成不利的影响。

GB 17625.1—2012《电磁兼容 限值 谐波电流发射限值（设备每相输入电流　16A）》是一个针对谐波电流发射的标准。通信电源系统所带的非线性负载设备的谐波电流的限值可参照此国家标准。通信网络设备谐波电流限值见表 4–1。

表 4–1　通信网络设备谐波电流限值

谐波次数 /*n*	每瓦允许的最大谐波电流 /（mA/W）	最大允许谐波电流 /A
3	3.4	2.30
5	1.9	1.14
7	1.0	0.77
9	0.5	0.40
11	0.35	0.33
$13\leqslant n\leqslant39$（仅有奇次谐波）	$3.85/n$	$0.15\times15/n$

4.3 不间断电源系统

1. 不间断电源系统的作用和组成

不间断电源系统是保证通信网络设备供电不中断的直接手段，是通信电源的核心设备。

在通信电源系统中，不间断电源可以分为交流不间断电源系统和直流不间断电源（开关电源）系统。

1）直流不间断电源系统

直流不间断电源主要由交流输入、整流器、蓄电池组、直流输出等部分组成。

按额定电压划分，直流不间断电源系统主要有直流 -48V 和 240V 电源系统。直流 -48V 电源系统如图 4-9 所示，直流 240V 电源系统如图 4-10 所示。

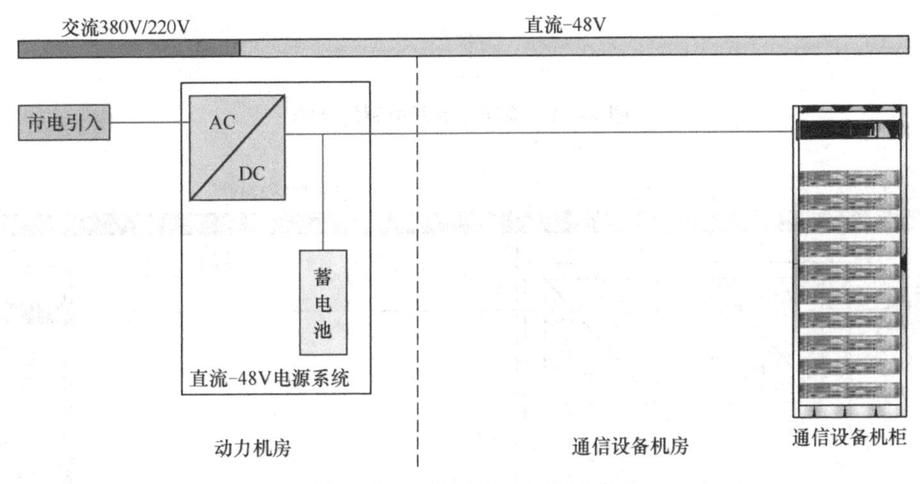

图 4-9　直流 -48V 电源系统

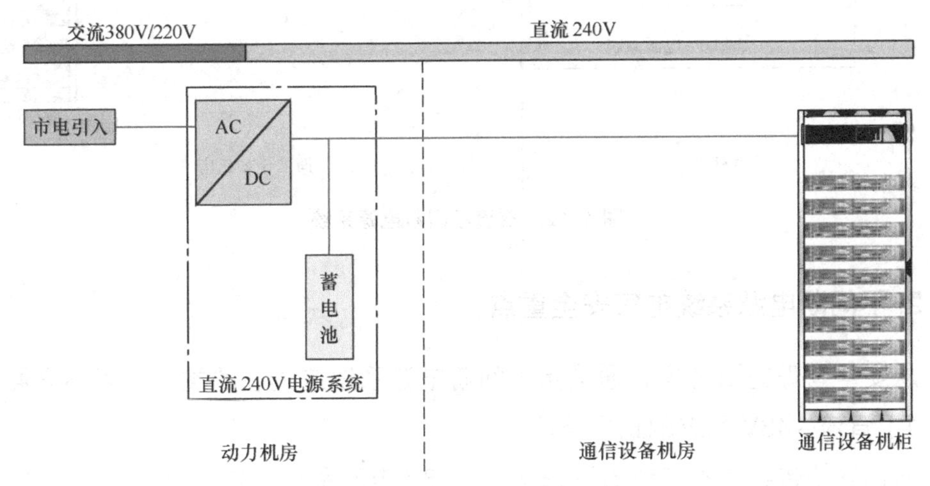

图 4-10　直流 240V 电源系统

2）交流 UPS 系统

交流 UPS 一般采用双变换形式，交流不间断电源的结构如图 4-11 所示。交流不间断电源主要由交流输入、旁路输入、静态旁路、维修旁路、交流输出等

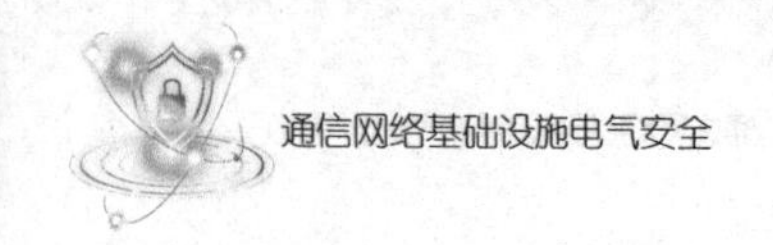

部分组成。

交流不间断电源系统如图 4-12 所示。

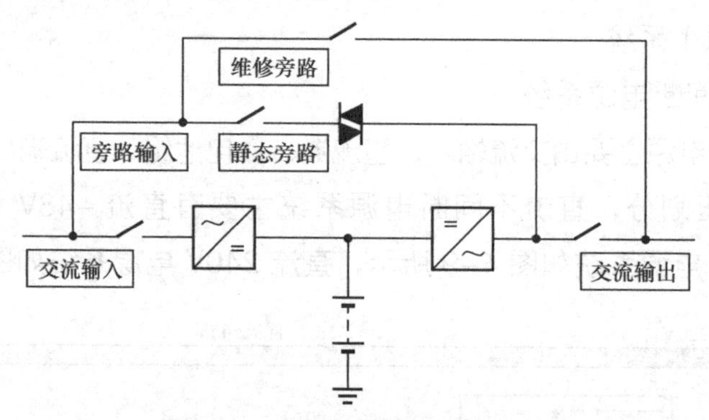

图 4-11　交流不间断电源的结构

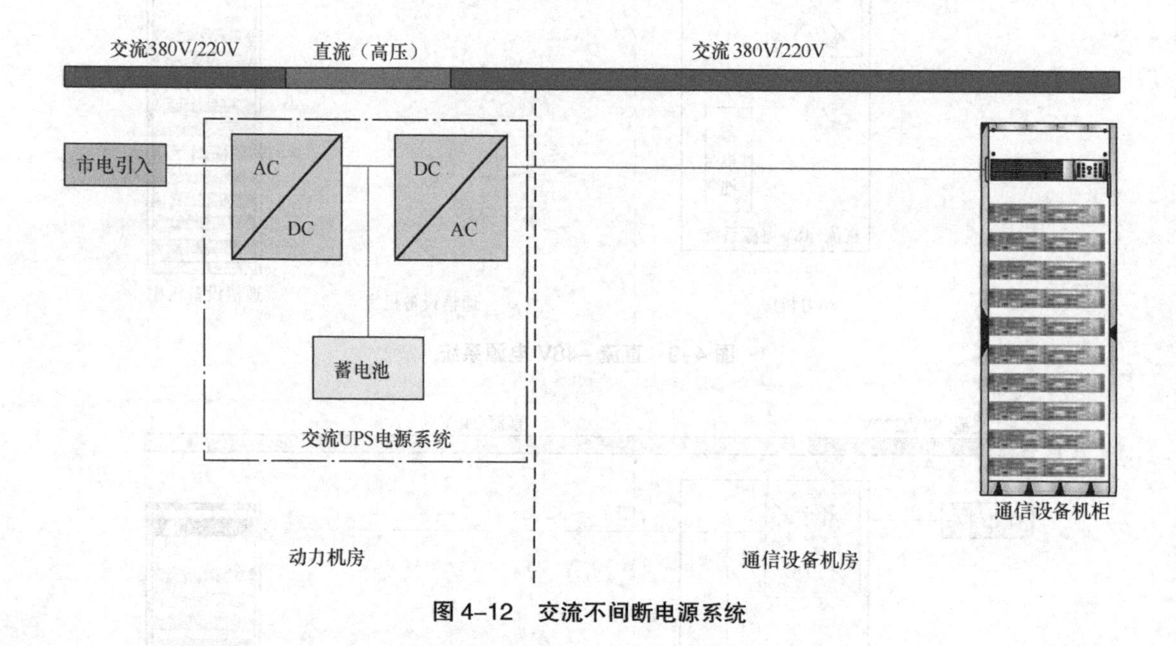

图 4-12　交流不间断电源系统

2. 不间断电源系统电气安全重点

从安全管理方面考虑，通信用不间断电源系统应关注的重点有以下方面。

1）直流 -48V 系统的正极接地

通信网络传统的直流供电系统均为 -48V 电源系统，是一个正极接地的直流共地系统。因此，要特别注意电源负极对地的绝缘和隔离。正极接地的直流共地系统如图 4-13 所示。

2）直流 240V 系统直流输出回路的对地悬浮和绝缘监察

直流 240V 系统是一个高于安全电压等级的电源系统，其直流输出回路采用的是“对地绝缘”的悬浮供电方式，要求直流回路中的任何一点都不能接地，正负极均不接地的直流“对地悬浮”系统如图 4-14 所示。因此，正负极对地的绝缘度是安全生产中必须关注的一个重要因素。与直流 -48V 系统的最大区别是，直流 240V 系统必须有绝缘监察的功能。使用中常见的故障也与绝缘监察功能有关。

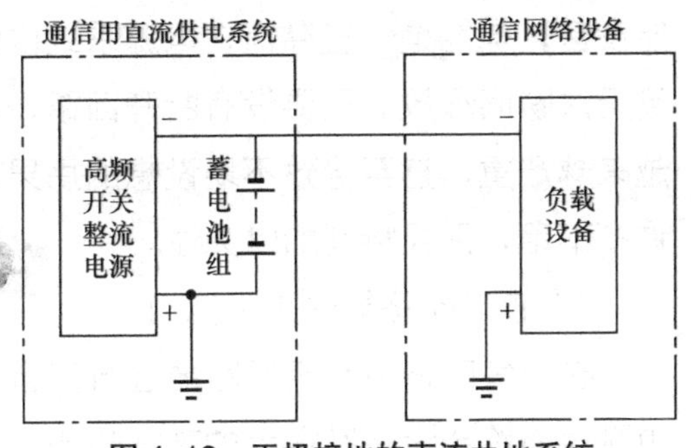

图 4-13 正极接地的直流共地系统

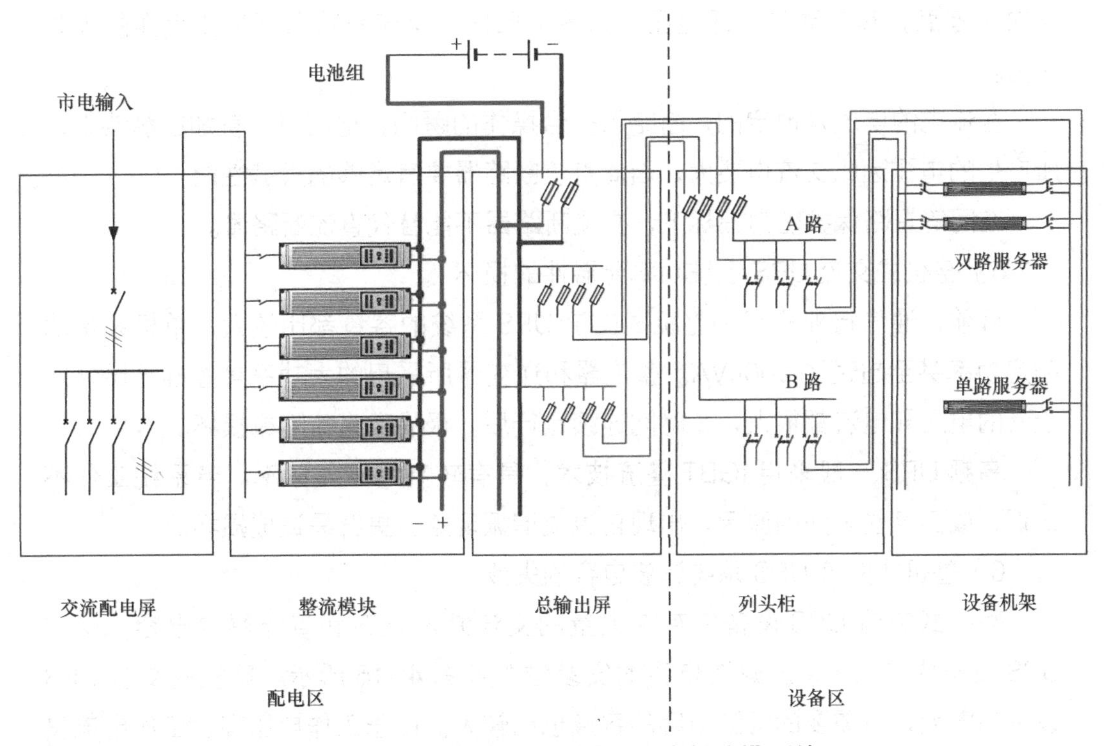

图 4-14 正负极均不接地的直流“对地悬浮”系统

3）直流回路的短路及系统输出的过流保护

从电气过流保护的角度分析，通信电源系统中的直流过流保护与交流回路的过流保护是截然不同的。

在交流回路中，由于电的能量来自外部，在发生短路或过流时，短路和过流总会触发相应级别的过流短路保护措施，可以很好地起到保护作用。

在直流回路中，虽然有来自外部的电能，但由于后备蓄电池组的存在，也会有内部电能（尤其是在市电停电和发生事故的时刻），而且蓄电池组只是一种储

能设备，电能是一直存储在电源系统内部的，一旦发生短路放电，产生的巨大能量无法瞬间释放。只要没有断开回路，就无法改变短路过流的情况，而且情况会越来越严重，直至导致不堪设想的后果。目前对蓄电池组的过流保护措施尚存在许多不足，需要特别加以关注。

4）直流断路器的灭弧能力

在电气回路中利用断路器进行开合操作时，触头间会出现不同程度的电弧。电弧对断路器设备有很大的破坏作用，而且电弧继续维持着电路的接通，只有将其熄灭，才能真正切断电路。因此，断路器要具备一定的灭弧性能。

由于交流电是 50Hz 的正弦波，其电压是周期性变化的，每 10ms 就会有一次过零点，其电动势（即电压）为零。因此，交流断路器不需要太强的灭弧能力。

直流电的电压是恒定的，断路器开合操作的瞬间，电压将一直加在触头上，所产生的电弧远比交流电要大，因此直流断路器要有足够的灭弧性能。

在同等短路保护能力指标下，交流断路器不能替代直流断路器。

5）整机式交流 UPS 系统功率元器件的损坏

目前，通信行业应用的整机式交流 UPS 系统的容量都比较大，单机设备的额定功率甚至超过了 500kVA。整流器和逆变器所采用的大功率可控硅元器件所承受的电压和电流都很大，长时间连续运行后，极易发生故障或损坏。

高频 UPS 一般采用 IGBT 整流技术，具有较高的工作频率。若系统工作不协调，或因某些未知的原因，出现自激或谐振现象，更容易造成损坏。

6）整机式交流 UPS 系统滤波电容的失效

整机式交流 UPS 设备中存在大量的交流滤波电容和直流滤波电容，交流 UPS 设备内交流 / 直流滤波电容的安装位置如图 4-15 所示。整机式交流 UPS 设备功率大，所需要的滤波电容的容量也比较大。由于工作电压高、工作电流波动大、电气工作条件恶劣，滤波电容容易出现发热、电解液干枯等现象，影响滤波电容的正常使用和寿命。滤波电容损坏后，通常出现鼓胀、爆裂、电解液飞溅、电容金属膜片短路等严重后果。

整机式交流 UPS 设备是一直在线运行的，无法在线测试和检查滤波电容质量和性能的好坏，从而给滤波电容带来了不可控风险。

工作电压高、容量大，滤波电容一般都是串联使用的。一旦有一个电容损坏，必然影响整组电容运行工作，需要整组更换滤波电容，维修成本非常大。

更换滤波电容时需要 UPS 设备离线关机停电，才能进行相应的更换操作。

7）交流 UPS 系统对控制单元的依赖程度过高

交流 UPS 系统采用集中控制方式，对控制单元的依赖程度非常高。一旦控制单元出现问题，即使其他单元（整流、蓄电池组、逆变等）都是可以正常工作的，但设备整体不能够正常工作，可能引起系统供电中断。

图 4-15　交流 UPS 设备内交流 / 直流滤波电容的安装位置

4.4 阀控密封式铅酸蓄电池

1. 蓄电池的分类和使用特点

通信电源中使用的阀控密封式铅酸蓄电池按用途划分主要有以下 4 类。

① 启动型：瞬间大电流放电。例如，油机发电机组的启动电池。

② 后备型：长延时小电流放电，后备时长数小时，甚至高达 10～20 小时。通常配备直流 -48V 电源系统，用于通信局（站）、接入网点和无线基站。

③ 高倍率型：既要求大电流放电，又要求一定的后备放电时间，放电倍率远大于 10 小时率，放电时长一般是数十分钟，基本上不会超过 1 小时。通常配备在交流 UPS 电源系统、直流 240V 电源系统中，用于大型通信枢纽、IDC 等场所。

④ 储能型：除了对放电电流和放电时长有要求，还对充电电流和循环次数有要求，主要用于削峰填谷、错峰储能等节能减排场合。

2. 蓄电池组电气安全重点

从安全管理方面考虑，通信用蓄电池组应关注以下 5 个重点。

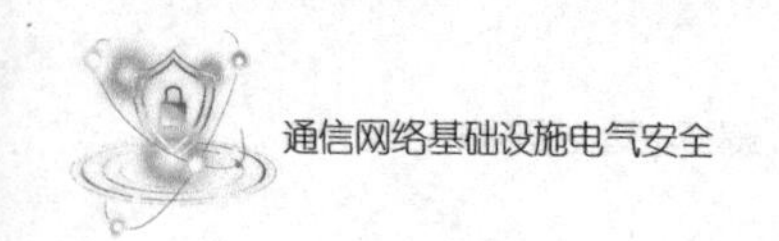

① 通信后备用蓄电池组是应急的储能设备。平时只保持浮充状态，关键时刻是通信网络设备最后的能源供给来源。故对蓄电池组的可用性尤其是可靠性要求非常高。

② 由多只导体蓄电池通过连接条连接串联成组的。接触不良、螺栓没有按规定的力矩紧固等，都会造成供电隐患。

③ 蓄电池组的过流保护装置（熔断器、断路器等）一般设置在蓄电池组的输出端，甚至远离蓄电池组，设在电源设备的直流配电柜处，蓄电池组的内部没有任何的过流保护措施。而蓄电池的电缆连接头和连接条裸露在外，容易被触碰；蓄电池本身也经常出现爬酸和壳体破裂漏液等情况，容易引起电气短路。

④ 通信用蓄电池组是一种储能设备，容量比较大（尤其是储能型蓄电池组）且存放在通信局（站）内。一旦出现短路，失去过流保护，瞬间就会发生重大事故。

⑤ 蓄电池组直流回路发生短路时，大电流放电会使直流电缆瞬间发热，导致绝缘层熔化。进一步裸露出更多的导体部分，使短路点沿电缆方向不断延伸扩散，形成更多的发热点。这样会不断增加事故的严重程度。

3. 磷酸铁锂电池

磷酸铁锂电池相对于铅酸电池而言，有着许多优势。但在安全性方面，磷酸铁锂电池存在严重的热失控风险。由于锂电池自身的物理化学性质，在内部和外部刺激因素（例如，环境温度高、机械损伤、短路等）的作用下，磷酸铁锂电池会发生不可逆的热失控现象，存在较大的火灾危险性。

磷酸铁锂电池的燃烧属于化学反应，目前还没有特别有效的灭火措施，很多时候只能等待化学反应结束后让火自行熄灭。另外，磷酸铁锂电池燃烧的速度非常快，有资料显示，100% 荷电状态的锂电池燃烧速度比汽油快。这些特性也使锂电池着火后的后果更加严重。

4.5 浪涌保护器

1. 浪涌保护器的工作原理和基本元器件

浪涌保护器也称防雷器，是一种为各种电子设备、仪器仪表、通信线路提供安全防护的电子装置。当电气回路或通信线路中因为外界的干扰突然产生尖峰电流或电压时，浪涌保护器能在极短的时间内导通分流，从而避免浪涌对回路中其他设备的损害，起到防浪涌、防雷击的作用。浪涌保护器的工作原理如图 4–16 所示。

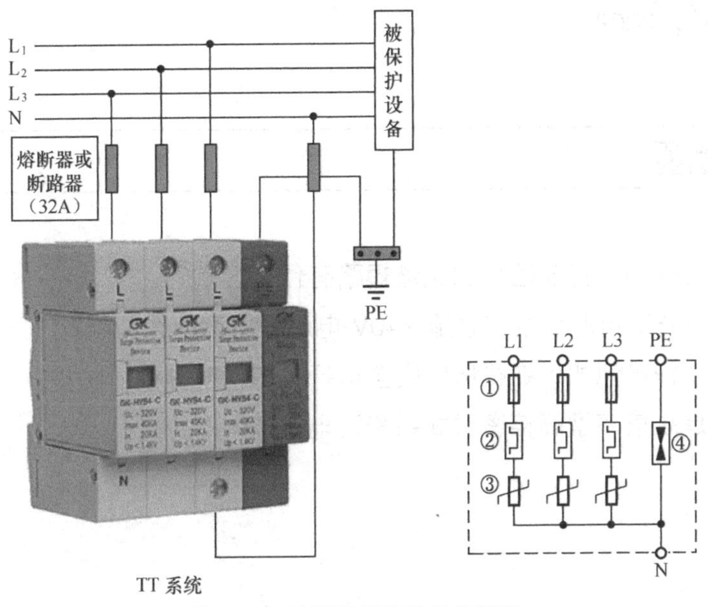

图 4–16　浪涌保护器的工作原理

浪涌保护器的类型和结构按照不同的用途有所不同，但它至少应包含一个非线性电压限制元件。用于浪涌保护器的基本元器件有放电间隙、充气放电管、压敏电阻、抑制二极管和扼流线圈等。

2. 浪涌保护器电气安全重点

浪涌保护器的非线性电压限制元件通常是导通保护型的元器件。元器件在正常情况下，应呈截止状态，一旦出现雷击、浪涌，能够迅速导通接地、分流。但这些元器件（例如，压敏电阻等）发生损坏失效时，一般会呈低阻甚至导通的异常状态。因此会形成逐渐增大的漏电流，由此周而复始，就会导致浪涌保护器发热甚至起火。

参考资料

[1] 同向前，余健明，苏文成. 供电技术 [M]. 北京：机械工业出版社，2018.

[2] 漆逢吉. 通信电源 [M]. 北京：北京邮电大学出版社，2004.

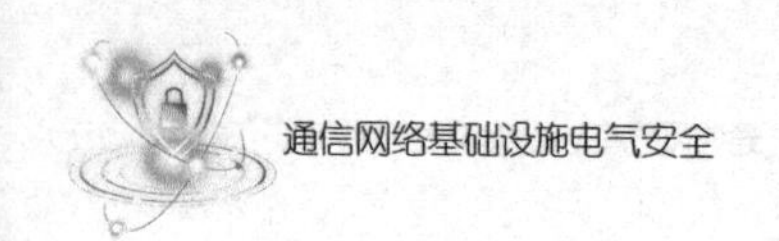

[3] 张广明，韩林. 数据中心 UPS 供电系统的设计与应用 [M]. 北京：人民邮电出版社，2008.

[4] 周志敏，纪爱华. 数据中心 UPS 供电系统设计与故障处理 [M]. 北京：电子工业出版社，2008.

思考题

1. 通信机房内，直流短路和交流短路有什么区别？
2. 直流 -48V 电源系统与直流 240V 电源系统有什么区别？
3. 磷酸铁锂电池如何在机房中安全运行及如何对其进行防护？
4. 什么是高倍率型阀控密封式铅酸蓄电池？

第五章

电气消防安全

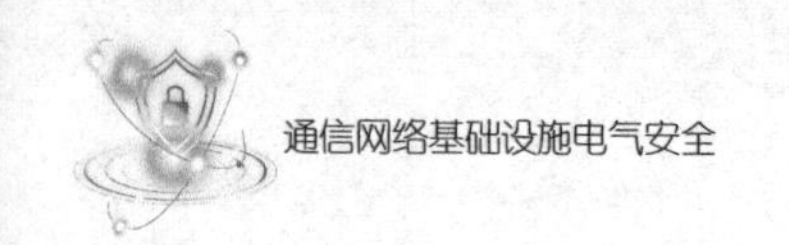

5.1 概述

“消防”即消除隐患、预防灾患（即预防和解决人们在生活、工作、学习过程中遇到的人为灾害、自然灾害、偶然灾害的总称）。对火灾而言，消防也应分为两大部分：“消”是指消灭火灾，这是消极的灭火对策，重点关注着火后及时灭火；“防”是指防止火灾，这是积极的防火对策，采取措施防止发生火灾。消防安全是要采取措施消灭和防止火灾发生，降低火灾造成的破坏程度，减少人员伤亡和财产损失，保护人身安全、财产安全、社会安全。

信息通信在整个社会发展和人类进步中占据举足轻重的地位，信息通信网络在信息通信中的重要性不言而喻。信息通信网络，特别是信息通信网络基础设施的防火安全是重中之重，一旦发生火灾事故，造成的后果将非常严重。

对于通信机房的消防，保护人员生命安全是首要任务；其次要预防火灾发生，将火灾遏制在燃烧之前，通信机房一旦发生火灾要尽快灭火，避免火势蔓延造成更多的设备损坏；最后，灭火后要快速抢修，迅速恢复网络畅通，减少信息通信中断对社会造成的影响。

5.2 通信网络基础设施火灾的种类

根据 GB/T 4968—2008《火灾分类》的分类方法，通信机房的火灾种类一般有固体物质火灾（A 类火灾）、液体火灾（B 类火灾）、气体火灾（C 类火灾）、物体带电燃烧火灾（E 类火灾）。各类通信机房常见火灾种类见表 5-1。

表 5-1 各类通信机房常见火灾种类

层面	功能区	主要房间	火灾种类			
			A 类	B 类	C 类	E 类
枢纽层	网络设备区	网络机房	★	–	–	★
枢纽层	网络设备区	传输机房	★	–	–	★
		数据机房	★	–	–	★
	辅助区	进线间	★	–	–	★
		监控室	★	–	–	★
		备件室	★	–	–	★
	基础设施区	高压变配电室	★	–	–	★
		变压器室	★	★	–	★
		低压配电室	–	–	–	–
		柴油发电机房	★	★	–	★
		UPS 室	★	–	–	★
		直流电源室	★	–	–	★
		蓄电池室	★	★	★	★
		空调设备室	★	–	–	★
	行政办公区	办公室	★	–	–	★
		大堂	★	–	–	★
		休息室	★	–	–	★
接入层	接入网	设备间	★	–	–	★
		电源间	★	–	–	★
		油机间	★	★	–	★
	移动基站	室外柜	★	–	–	★
		铁塔	★	–	–	★
		应急通信车	★	★	★	★

5.3 通信机房火灾的特点

通信网络中大量的通信系统和通信电源需要使用许多用电设备，并且通信机房出于环境保护、气体消防和节能的要求，一般都处于密闭环境，极少设置外窗。绝大多数通信网络的火灾事故是由用电不当引起的，呈现出通信机房电气火灾多、散热困难、火灾扑救困难等特点。

通信机房特别是通信电源机房内的线缆桥架（夹层）、电缆沟（槽道、竖井）、变配电室等大量使用高分子绝缘材料的电缆电线、电气设备，常温下绝缘材料呈现固体形态，起火时一般划定为 A 类火灾或 E 类火灾。但在起火后的高温环境下，这些材料会出现熔融、滴落、流淌、聚集等情况，实质上为 B 类火灾，同时还会产生高温、有毒浓烟。而这些材料具备显著的拒水特性，使水灭火系统难以快速降低材料内部聚集的高温，加剧火灾扑救的困难。

5.4 通信网络基础设施常见的火灾原因和起火部位

1. 通信网络常见火灾原因

发生通信网络火灾的原因多种多样，主要有供配电系统火灾、用电设备火灾、雷电火灾、外部火灾、人为失误引起的火灾。在通信网络和通信机房中，引发火灾事故的常见原因有以下 5 种。

1）电气设备火灾

通信机房内的电气设备不仅数量多、功率大、耗电量大，而且要求带电在线长期工作，这就导致电源设备过载、连接件接触不良、线路布线复杂、线路老化等成为引起电气火灾的主要原因。

2）空调设备火灾

空调是通信机房不可缺少的设备，而空调的电加热器、电加湿器常常会因过热引起火灾。例如，在风机损坏或关机后，电加热器的热量没有及时散发出去，致使周围温度上升而造成火灾；电加湿器在水蒸发完后得不到及时补充，也会造成火灾。

3）雷电或强电入侵

雷电放电时产生的电磁效应，能产生高达数十万伏的冲击电压，足以烧毁电力线路和电气设备，引发绝缘击穿，发生短路引起火灾。雷电放电时产生的热效应、静电效应及电磁效应都可能引起火灾。

4）建筑物火灾

通信机房与其他用途的房间在同一栋建筑内，其他建筑或其他用途的房间起火时，火势会通过围护结构、门窗及通风管道、走线管道蔓延至通信机房，引发通信机房内火灾。

5）人为失误

有些火灾是人为因素造成的，例如，在通信机房内堆放易燃物品、施工疏漏及人为操作失误等。

2. 通信局（站）的常见起火部位

1）大功率电力电子元器件

交流 UPS 及直流开关电源内采用了大量的大功率电力电子元器件，例如，可控硅二极管、IGBT 整流器件等。这些电力电子元器件要求耐压高、工作电流大且长时间连续工作，像 IGBT 一类的器件还有较高的工作频率，一旦损坏，极易发生爆炸起火。

2）交流 UPS 滤波电容

交流 UPS 设备内的交直流滤波电容具有大容量、高电压、长时间连续在线工作等诸多不利因素，还处于恶劣的工作环境，一旦发热、干枯、鼓胀变形，极易导致外壳破裂、漏液电极短路等现象，从而引发火灾。

3）电力电缆和走线槽道

通信机房内不少电力电缆集中层叠布放且过流量大，相互的电磁感应强度较大，或多或少都会有不同程度的发热现象。特别是电缆长时间高负载运行或电缆老化，很容易使电缆绝缘层高温熔化，导致绝缘度降低、短路引发火灾。而密闭的走线槽道、电缆竖井内的散热条件差，积聚热量只增不减。如果检查和检测不到位，极易引发火灾。而如果电缆孔洞封堵不严、防火分隔不到位，则电缆火灾更容易造成火情扩散蔓延，造成更大的损失。

4）蓄电池组

蓄电池组是储能设备，通常并联在通信电源的直流回路中，而且放置在通信机房内部。正常质量的铅酸蓄电池是可以承受瞬间直接短路放电的（蓄电池检测就有短路放电测试的项目）。蓄电池着火后，如果不能切断放电回路，则根本无法完全熄灭火源。而且起火后产生的烟雾、毒气将迅速蔓延到整个通信机房。

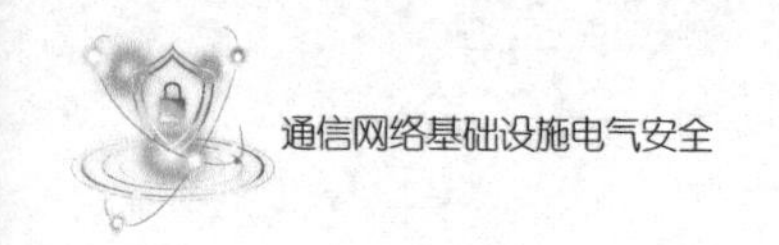

5）油机及燃料

通信电源一般采用柴油发电机组或汽油发电机组作为后备应急发电设备，用作燃料的汽油和柴油本身就是易燃易爆品，且发电机组工作时，机组处于高温、高热状态并有大量废气排出，极易发生火灾甚至爆炸事故。因此，通信局（站）火灾危险性较大的建筑物是油机室、油箱及外部储油罐等。

6）防雷器件及接地

当雷击或强浪涌入侵后，防雷器件特别是非线性电压限制元件容易损坏失效。而失效后的元器件呈现的高阻微导通状态往往会逐渐发热和积聚，最后引发火灾。

5.5 防火间距、防火分区和防火封堵

1. 防火间距

防火间距是指防止着火建筑在一定时间内引燃相邻建筑，以便消防扑救的间隔距离。当建筑物发生火灾时，火灾除了在建筑物内部蔓延扩大，有时还会通过一定的途径蔓延到邻近的建筑物。为了防止火灾在建筑物之间蔓延，有效措施就是在相邻建筑物之间留出一定的防火安全距离。

影响防火间距的因素有很多，例如热辐射、热对流、风向、风速，外墙材料的燃烧性能及其开口面积的大小，室内堆放的可燃物种类及数量，相邻建筑物的高度，室内消防设施情况，着火时的气温及湿度，消防车到达的时间及扑救情况等。GB 50016—2014《建筑设计防火规范》中明确提出了不同情况下各种建筑物的防火间距要求及防火间距的计算方法。

直埋地下柴油卧式储油罐与建筑物、道路间的最小防火间距见表 5-2。

表 5-2　直埋地下柴油卧式储油罐与建筑物、道路间的最小防火间距

柴油种类及储量 V/m³		一级、二级建筑物防火间距 /m			三级建筑物防火间距 /m	四级建筑物防火间距 /m	从储油罐边沿到道路边沿防火间距 /m
		高层民用建筑	高层厂房	裙房及其他建筑			
闪点≥ 45℃	$1 \leqslant V < 50$	20	13	6	7.5	10	3
	$50 \leqslant V < 200$	25	13	7.5	10	12.5	3
闪点≥ 55℃	$5 \leqslant V \leqslant 200$	20	13	6	7.5	10	3

2. 防火分区

防火分区是指在建筑物内部采用防火墙、楼板及其他防火分隔设施分隔而成，能在一定时间内防止火势向同一建筑的其余部分蔓延的局部空间，防火分区如图 5-1 所示。它可以将火势限制在一定的局部区域内（在一定时间内），防止火势蔓延，当然，防火分区的隔断同样也对烟气起到了隔断作用。在建筑物内采取防火分区这一措施，可以在建筑物发生火灾时，把火势有效地控制在一定的范围内，减少火灾损失，同时可以为人员安全疏散、消防扑救提供有利条件。

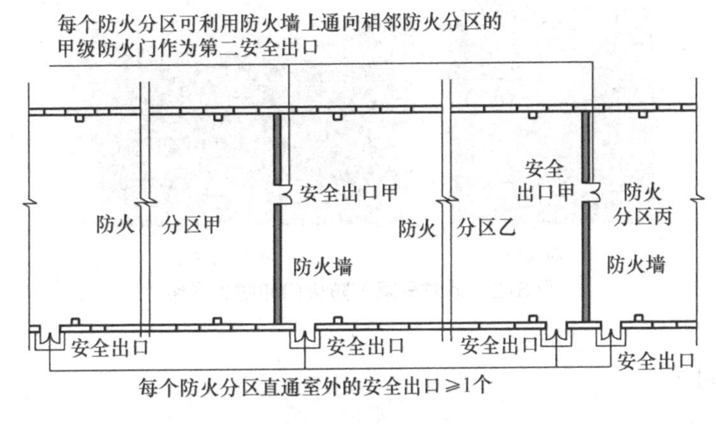

图 5-1 防火分区

YD 5003—2014《通信建筑工程设计规范》中对通信建筑内每个防火分区的最大允许建筑面积做出了以下规定。

① 多层通信建筑内每个防火分区的最大允许建筑面积不应大于 2500m^2。

② 高层通信建筑内每个防火分区的最大允许建筑面积不应大于 1500m^2；与裙房之间设有防火墙等防火分隔设施时，裙房的防火分区的最大允许建筑面积不应大于 2500m^2。

③ 如果通信建筑内设置地下室，其每个防火分区的最大允许建筑面积不应大于 500m^2。

④ 如果通信建筑内设置自动灭火系统，该防火分区的最大允许建筑面积可按以上的规定增加 1 倍；如果为局部设置，增加面积可按该局部面积的 1 倍计算。

消防分隔、防火门和防火卷帘如图 5-2 所示。

(a) 消防分隔

(b) 防火门

(c) 防火卷帘

图 5-2 消防分隔、防火门和防火卷帘

3. 防火封堵

防火封堵是指采用具有一定防火、防烟、隔热性能的材料对建筑缝隙、贯穿孔口等进行密封或填塞，能在设计的耐火时间内与相应的建筑结构或构件协同工作，以阻止热量、火焰和烟气穿过的一种防火构造措施。

YD/T 2199—2010《通信机房防火封堵安全技术要求》中对通信机房应进行防火封堵的部位进行了明确的规定。

① 电缆、光缆、电缆桥架、母线槽、管道等穿越防火分隔构件、建筑外墙及建筑屋顶等形成的贯穿孔口。

② 存在于防火分隔构件、建筑外墙及建筑屋顶等部位的空开口。

③ 建筑缝隙。

④ 基站馈线窗。

防火封堵应按照设计文件、相应产品的技术说明书和操作规程及防火封堵组件的构造要求施工。防火封堵的工程竣工验收应符合建设工程施工验收的有关程序。

在日常的运行维护中，防火封堵投入使用后不得随意拆卸。因工程建设、扩容施工需要打开防火封堵时，应按照相应的审批流程审批。如果开挖施工超过24小时，则应采取临时性封堵措施。工程完毕后，应及时进行防火封堵。

5.6 消防监控和火灾自动报警系统

1. 火灾探测器

火灾探测器是火灾自动报警系统中对现场进行探查，发现火灾的设备。火灾探测器是火灾自动报警系统的“感觉器官”，它的作用是监测环境中有没有发生火灾。一旦发现火灾，它就会将火灾的特征物理参量，例如温度、烟雾、气体和光辐射强度等物理参量转换成电信号，传输到火灾自动报警系统，迅速探测火情，发现人们不易发觉的火灾早期特征，将火灾导致的生命财产损失降到最低。

火灾探测器至少含有一个能连续或以一定频率周期性探测物质燃烧过程中所产生的各种物理现象、化学现象的传感器，并且至少能向控制和指示设备提供一个合适的信号。其基本功能就是对物质燃烧过程中产生的各种气、烟、热、光（火焰）等表征火灾信号的物理参量、化学参量做出有效响应，并将其转化为可被接收的电信号，供自动报警系统分析处理。

火灾探测器一般由敏感元件、传感器、处理单元和判断及指示电路组成，其中敏感元件、传感器可以对一个或几个火灾参量起监测作用，利用电子或机械方式将其转化为电信号。

1）火灾探测器的分类

① 按照设备对现场信息的采集类型不同可分为感烟火灾探测器、感温火灾探测器、火焰探测器、特殊气体探测器。火灾探测器（按采集类型划分）如图5-3所示。

② 按照设备对现场信息的采集原理不同可分为离子型探测器、光电型探测器、线性探测器。火灾探测器（按采集原理划分）如图5-4所示。

(a) 感烟火灾探测器

(b) 感温火灾探测器

(c) 火焰探测器

(d) 特殊气体探测器

图 5-3 火灾探测器（按采集类型划分）

(a) 离子型探测器

(b) 光电型探测器

(c) 线性探测器

图 5-4 火灾探测器（按采集原理划分）

③ 按照设备在现场的安装方式不同可分为点式探测器、缆式探测器、红外光束探测器。火灾探测器（按安装方式划分）如图 5-5 所示。

④ 按照探测器与控制器的接线方式不同可分为总线制探测器、多线制探测器。其中，总线制探测器又分为编码探测器和非编码探测器；而编码探测器又分为电子编码探测器和拨码开关编码探测器，拨码开关编码探测器又叫拨码编码探测器，它又分为二进制编码探测器和三进制编码探测器。

2）火灾探测器的选择

GB 50116—2013《火灾自动报警系统设计规范》对火灾探测器的选择做出了原则性的规定。

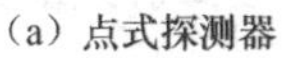

（a）点式探测器

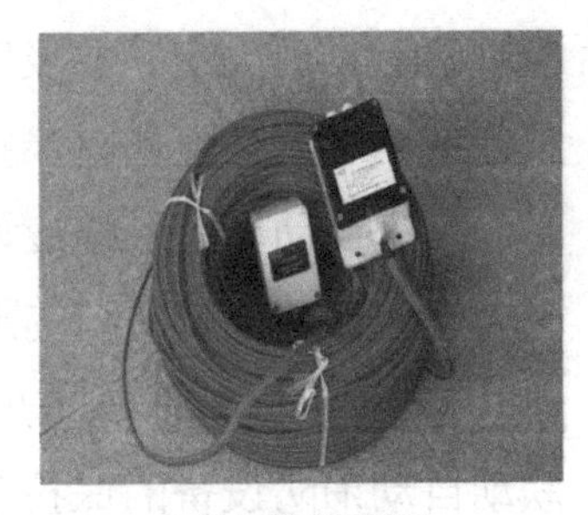

（b）缆式探测器

（c）红外光束探测器

图 5-5 火灾探测器（按安装方式划分）

① 对于火灾初期（有阴燃情况），产生大量的烟和少量的热，很少或没有火焰辐射的场所，应选择感烟火灾探测器。

② 对于火灾发展迅速，产生大量热、烟和火焰辐射的场所，可选择感温火灾探测器、感烟火灾探测器、火焰探测器或其组合。

③ 对于火灾发展迅速，有强烈的火焰辐射和少量烟、热的场所，应选择火焰探测器。

④ 对于火灾初期（有阴燃情况），且需要早期探测的场所，宜增设一氧化碳火灾探测器。

⑤ 对于使用、生产可燃气体或可燃蒸气的场所，应选择可燃气体探测器。

⑥ 应根据保护场所可能发生火灾的部位，对燃烧材料进行的分析，以及火灾探测器的类型、灵敏度和响应时间等选择相应的火灾探测器，对于火灾形成特征不可预料的场所，可根据模拟试验的结果选择火灾探测器。

⑦ 在同一探测区域内设置多个火灾探测器时，可选择具有复合判断火灾功能的火灾探测器和火灾报警控制器。

2. 火灾自动报警系统

火灾自动报警系统是探测火灾早期特征、发出火灾报警信号，为人员疏散、防止火灾蔓延和启动自动灭火设备提供控制与指示的消防系统。

火灾自动报警系统是由触发装置、火灾报警装置、联动输出装置及具有其他辅助功能装置组成的，它能在火灾初期将燃烧产生的烟雾、热量、火焰等物理量，通过火灾探测器变成电信号，传输到火灾报警控制器，并同时以声或光的形式通知整个楼层疏散。火灾报警控制器可记录火灾发生的部位、时间等，使人们

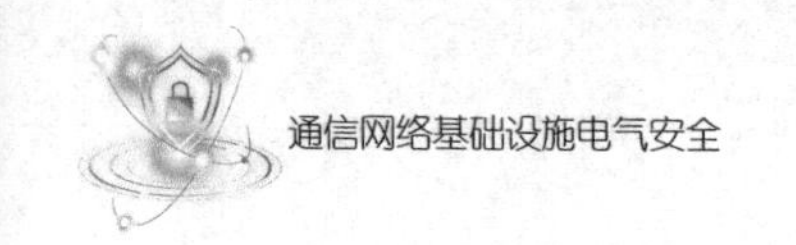

能够及时发现火灾，并及时采取有效措施，扑灭初期火灾，最大限度地减少因火灾造成的生命危险和财产损失。

火灾自动报警系统应设有自动和手动两种触发装置。

火灾自动报警系统的形式可以分为以下 3 种。

① 区域报警系统（火灾报警控制器）。该系统适用于仅需要报警，不需要联动自动消防设备的保护对象。区域报警系统如图 5-6 所示。

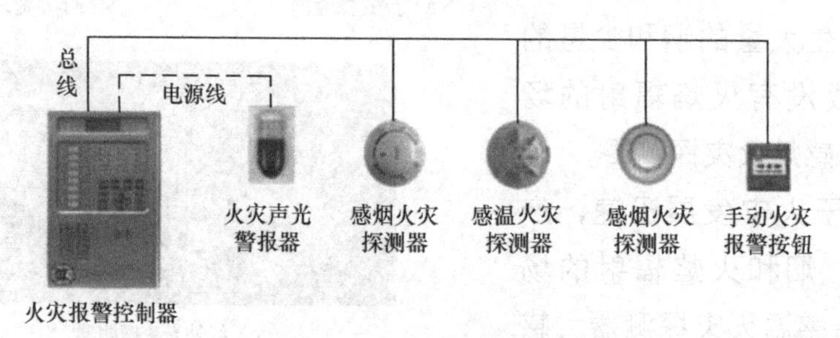

图 5-6　区域报警系统

火灾报警控制器应设置在有人员值班的场所。

② 集中报警系统。该系统适用于不仅需要报警，还需要联动自动消防设备，且只设置了一台具有集中控制功能的火灾报警控制器和消防联动控制器的保护对象。集中报警系统如图 5-7 所示。

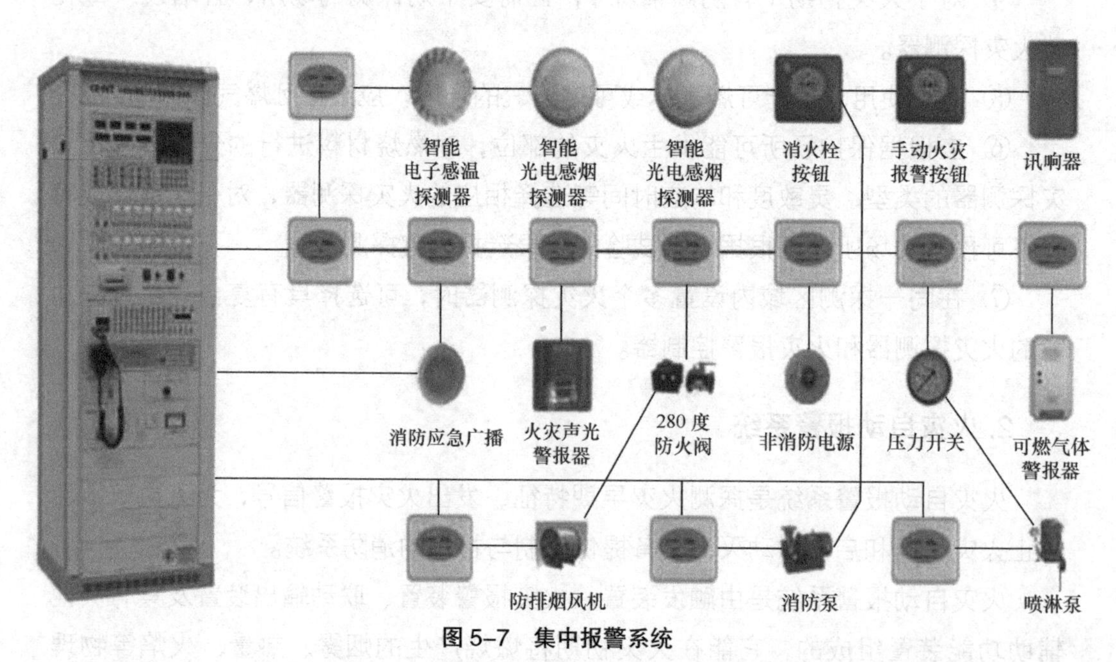

图 5-7　集中报警系统

集中报警系统应设置消防控制室，消防控制室应符合 GB 25506—2010《消防控制室通用技术要求》。

③ 控制中心报警系统。该系统适用于设置了两个及以上消防控制室的保护对象，或者已设置了两个及以上集中报警系统的保护对象。

控制中心报警系统由火灾探测器、手动火灾报警按钮、火灾声光警报器、消防应急广播、消防专用电话、消防控制室图形显示装置、火灾报警控制器、消防联动控制器等组成，即由消防控制室的消防控制设备、集中火灾报警控制器、区域火灾报警控制器和火灾探测器等组成。控制中心报警系统如图 5–8 所示。

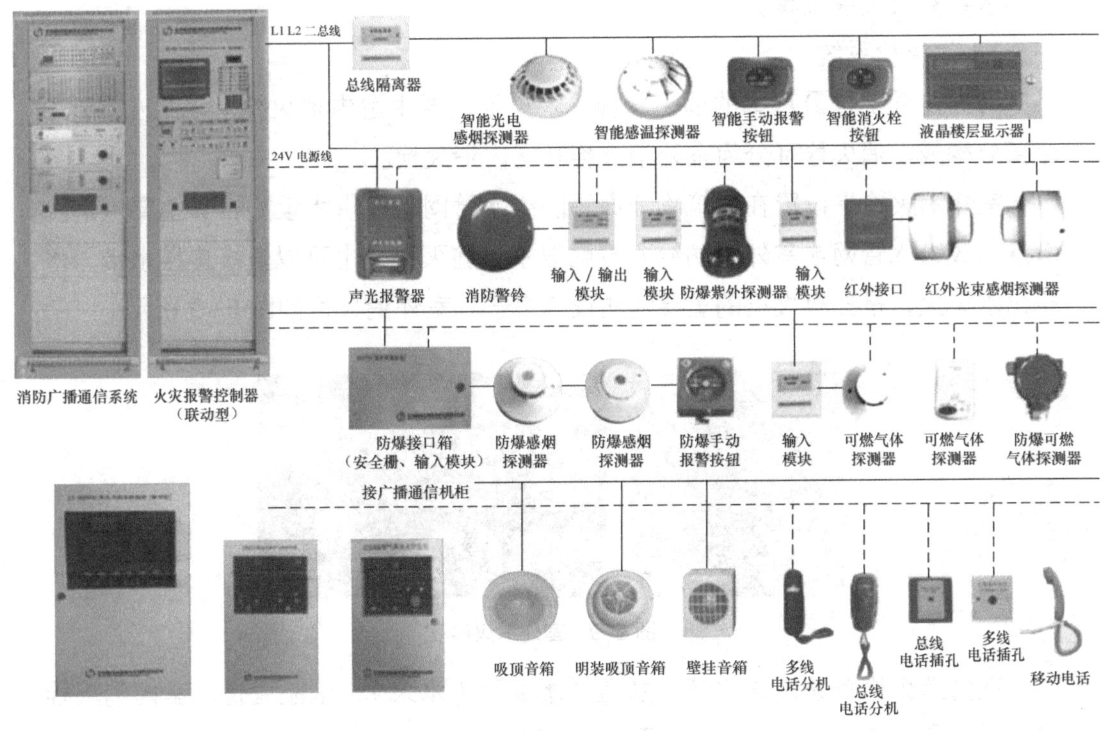

图 5–8 控制中心报警系统

3. 电气火灾监控系统

电气火灾一般发生于电气柜、电缆槽道等内部，当蔓延到设备级电缆表面时，已经形成较大火势，此时火势往往已经不容易被控制。电气火灾监控系统能在发生电气故障、产生一定电气火灾隐患的条件下发出警报，提醒专业人员排除电气火灾隐患，实现电气火灾的早期预防，避免电气火灾的发生，具有很强的电气火灾预警功能。通信机房是不能中断供电的重要供电场所，设置电气火灾监控系统是很有必要的。

5.7 消防灭火系统

1. 水灭火系统

水是天然灭火剂，资源丰富，便于获取和存储，其自身和在灭火过程中对生态环境是没有危害的。水灭火系统包括室内外消火栓系统、自动喷水灭火系统、自动水喷雾灭火系统等。

1）消火栓系统

消火栓系统是最基本的消防设施。消火栓主要由室内消火栓、水泵及水池 3 个部分构成。消火栓可分为室外消火栓和室内消火栓。

室外消火栓是设置在建筑物外面消防给水管网上的供水设施，其主要供消防车从市政给水管网或室外消防给水管网取水实施灭火，也可以直接连接水带、水枪出水灭火，是扑救火灾的重要消防设施之一。室外消火栓如图 5-9 所示。

图 5-9　室外消火栓

室内消火栓系统由蓄水池、加压送水装置（水泵）、消防管道、室内消火栓等主要设备构成。室内消火栓如图 5-10 所示。

图 5-10　室内消火栓

通常来说，消火栓的静水压力要在 0.8MPa 以下，出水口的压力要在

0.5MPa 以下。静水压力可以根据建筑物的实际高度进行合理设置，如果建筑物低于 100m，那么静水压力就应该低于 0.07MPa；如果建筑物高于 100m，那么静水压力就应该高于 0.15MPa。由于消防水泵的自身特点，一般会与控制中心的电信号进行联动控制。

2）自动喷水灭火系统

自动喷水灭火系统属于固定式灭火系统，是目前世界上较为广泛应用的一种消防设施，具有价格低、灭火效率高等特点，能在火灾发生后，自动进行喷水灭火，同时发出警报。自动喷水灭火系统如图 5-11 所示。

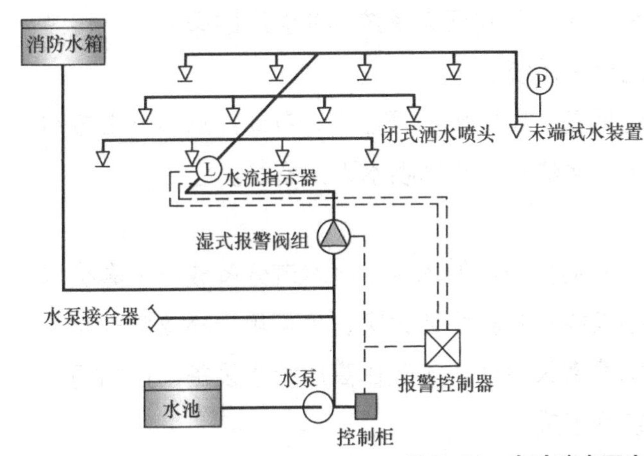

图 5-11　自动喷水灭火系统

自动喷水灭火系统根据其结构组成和技术特点可以分成湿式、干式、干湿两用及雨淋式等类型。

湿式灭火系统是一种适用范围非常广的灭火系统，其管网内依靠高位消防水箱而使管道充满压力水，长期处于备用工作状态，适用于 4～70℃的环境温度。该系统中，闭式洒水喷头是最关键的部件，可分为易熔金属式、双金属片式和玻璃球式，其中，玻璃球式洒水喷头应用最多（玻璃球式洒水喷头如图 5-12 所示）。正常情况下，喷头处于封闭状态，当有火灾发生、温度达到动作值时，喷头开启喷水状态进行灭火。其报警原理主要是将水体流动的信号变成一种电信号，从而进行自动报警。压力开关是湿式灭火系统的报警与控制设备，压力开关触点动作在接到报警信号之后就会启动对应的消防泵，进而达到灭火的目的。

干式灭火系统的供水系统、喷头布置等与湿式灭火系统完全相同，但其在报警阀前充满水而在阀后管道内充以压缩空气或氮气。使用该系统灭火时，先排气，然后才灭火。该系统适用于环境温度低于 4℃或高于 70℃，且不宜采用湿式灭火系统的环境。

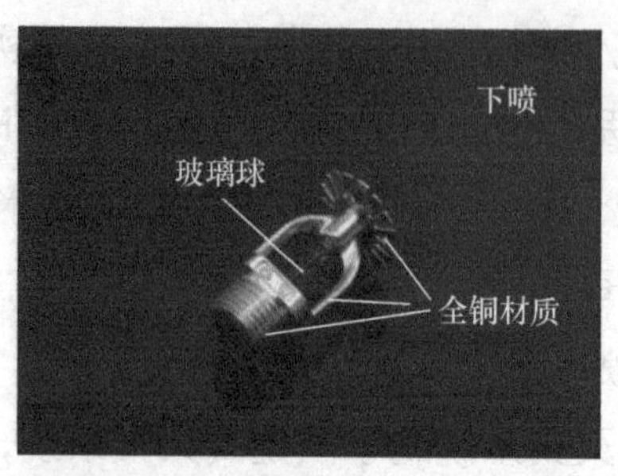

图 5-12　玻璃球式洒水喷头

干湿两用灭火系统也被称为水、气交换式自动喷水灭火系统。在寒冷的季节里，该装置管道内可充填压缩空气，即为干式灭火系统；在温暖的季节里，该装置的整个管道内充满水，即为湿式灭火系统。

雨淋式灭火系统是由火灾自动报警系统或传动管控制，自动开启雨淋报警阀和启动供水泵后，向开式洒水喷头供水的开式自动喷水灭火系统。

3）自动水喷雾灭火系统

自动水喷雾灭火系统利用水雾喷头在一定的水压下将水流分解成细小雾状水滴进行防护、冷却灭火。该系统不仅能够扑救固体火灾，也可用于扑救电气设备或可燃液体引起的火灾。固定式水喷雾灭火系统一般由高压给水设备、控制阀、水雾喷头、火灾探测自动控制系统等组成。

水喷雾具有冷却、窒息、乳化、稀释等作用，使该系统的用途广泛，其不仅可用于灭火，还可用于控制火势及防护、冷却等方面。水喷雾灭火系统主要用于保护火灾危险性大、火灾扑救难度高的专用设备或设施，例如变压器、大型柴油发电机组等。自动水喷雾灭火系统如图 5-13 所示。

图 5-13　自动水喷雾灭火系统

2. 气体灭火系统

气体灭火系统是用在室温和大气压力下，通常为气体状的灭火剂扑灭火灾的消防灭火系统。该系统适用于保护一些不能用水扑救的场所，例如，通信机房、发电机房、电气设备房、变压器、油断路器、电动机、实验室等。

气体灭火系统按使用的气体不同，可分为卤代烷灭火系统、二氧化碳灭火系统、蒸汽灭火系统等。

气体灭火系统主要包括灭火剂存储系统、监控系统、喷嘴及管道等结构，由灭火剂贮瓶、控制启动阀门组、输送管道、喷嘴和火灾探测控制系统等组成，有的还有加压驱动用的惰性气体贮瓶。其中，监控系统主要包括控制器、探测器、操控设备、声光报警器等。根据相应的感应装置传来的信号，气体灭火系统会启动对应的气瓶，达到灭火的目的。

3. 灭火器

灭火器是一种可携式灭火工具，内置化学物品，用以扑灭火灾。灭火器是常见的防火设施之一，存放在公众场所或可能发生火灾的地方。不同种类的灭火器内装填的成分不一样，专为不同的火灾起因而设，因此使用时必须注意，以免产生反效果，从而引起危险。

灭火器的种类有很多，按其移动方式可分为手提式灭火器和推车式灭火器；按驱动灭火剂的动力来源可分为储气瓶式灭火器、储压式灭火器、化学反应式灭火器；按所充装的灭火剂类型可分为泡沫灭火器、干粉灭火器、卤代烷灭火器、二氧化碳灭火器、清水灭火器等。

1）干粉灭火器

干粉灭火器内充装的是干粉灭火剂。干粉灭火剂是用于灭火的、干燥且易流动的微细粉末，由具有灭火效能的无机盐和少量的添加剂经干燥、粉碎、混合而成的微细固体粉末组成。干粉灭火器利用压缩的二氧化碳吹出干粉（主要含有碳酸氢钠）来灭火。干粉灭火器如图 5-14 所示。

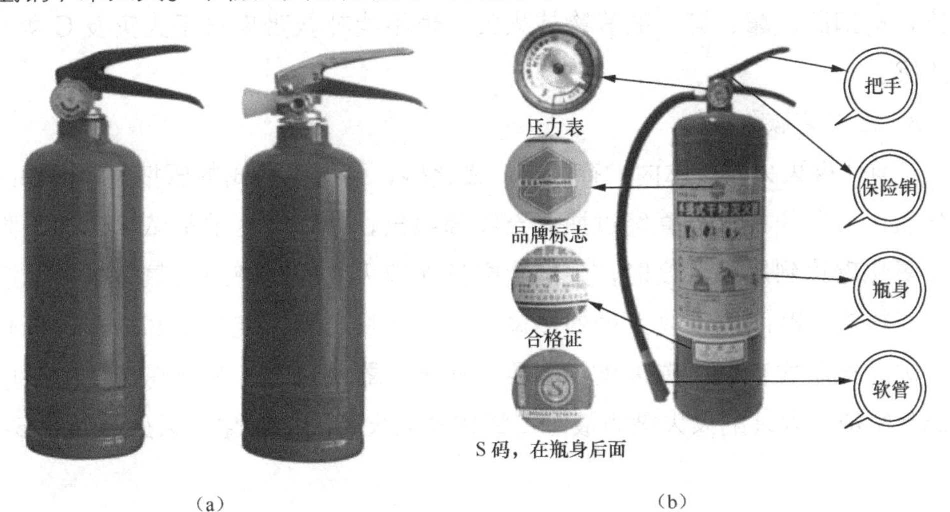

图 5-14 干粉灭火器

碳酸氢钠干粉灭火器适用于易燃可燃液体、气体及带电设备的初起火灾；磷酸铵盐干粉灭火器除了可用于上述几类火灾，还可扑救固体类物质的初起火灾。两者都不能用于扑救金属燃烧火灾。

2）泡沫灭火器

泡沫灭火器内有两个容器，分别盛放两种液体，即硫酸铝和碳酸氢钠溶液，两种溶液互不接触，不发生任何化学反应。当需要泡沫灭火器时，把灭火器倒立，两种溶液混合在一起，就会产生大量的二氧化碳气体化学泡沫（平时千万不能碰倒泡沫灭火器）。泡沫灭火器如图 5-15 所示，泡沫灭火器的工作原理如图 5-16 所示。

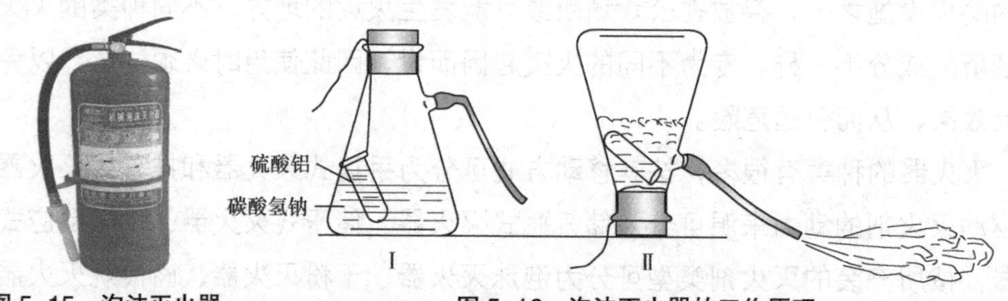

图 5-15　泡沫灭火器　　　图 5-16　泡沫灭火器的工作原理

除了以上两种反应物，泡沫灭火器中还加入了一些发泡剂。打开开关，泡沫从灭火器中喷出，覆盖在燃烧物上，使燃烧物与空气隔离，并降低温度，达到灭火的目的。

泡沫灭火器适用于扑救一般 B 类火灾，例如油制品、油脂等引发的火灾，也可以适用于 A 类火灾，但不能扑救 B 类火灾中的水溶性可燃、易燃液体引发的火灾，例如醇、酯、醚、酮等物质火灾，也不能扑救带电设备火灾及 C 类和 E 类火灾。

3）二氧化碳灭火器

二氧化碳灭火器瓶体内贮存液态二氧化碳，当压下瓶阀的压把时，内部的二氧化碳灭火剂便由虹吸管经过瓶阀至喷筒喷出，使燃烧区的氧浓度迅速下降，当二氧化碳达到足够浓度时，火焰会窒息而熄灭，同时液态二氧化碳会迅速气化，在很短的时间内吸收大量的热量，对燃烧物起到一定的冷却作用，也有助于灭火。推车式二氧化碳灭火器主要由瓶体、器头总成、喷管总成、车架总成等部分组成，内装的灭火剂为液态二氧化碳灭火剂。二氧化碳灭火器如图 5-17 所示。

图 5–17　二氧化碳灭火器

二氧化碳灭火器筒体采用优质合金钢经特殊工艺加工制成，重量比碳钢减少了 40%，具有操作方便、安全可靠、易于保存、轻便美观等特点。二氧化碳灭火器适用于扑救易燃液体及气体引发的初起火灾，也可以扑救带电设备的火灾，常用于通信机房、实验室、计算机房、变配电室，以及对精密电子仪器、贵重设备或物品维护要求较高的场所。

5.8 消防救援系统

1. 消防防排烟系统

通信机房在发生火灾的过程中，会产生大量的烟雾，烟雾中含有大量的一氧化碳，有强烈的窒息作用，会对人员的生命构成极大的威胁，人员的死亡率达到 50% ~70%。一些装修材料经过燃烧后产生的浓烟带有大量的有毒物质，也会导致人员中毒或窒息。另外，火灾所产生的烟雾会遮挡人的视线，使人们在疏散时无法辨别方向，尤其是高层建筑因其自身的烟囱效应，烟雾的上升速度非常快，如果不尽快排出烟雾，对人员和建筑产生的危害不可估量。设置消防防排烟系统可减少浓烟对人体的危害。

消防风系统即防排烟系统，即防烟系统（加压系统）和排烟系统的总称。

防烟系统是采用机械加压送风方式或自然通风方式，防止烟雾进入疏散通道的系统；排烟系统是采用机械排烟方式或自然通风方式，将烟气排至建筑物外的系统。

设计防排烟系统的目的是将火灾产生的大量烟雾及时排至室外及阻止烟雾向其他防烟分区扩散，以确保建筑物内人员的顺利疏散、安全避难，为消防员创造有利的救火条件。因此，消防防排烟系统是进行安全疏散的必要手段。消防防排烟系统如图 5-18 所示。

图 5-18　消防防排烟系统

2. 消防疏散指示和应急照明系统

消防疏散指示和应急照明系统是为指示人员疏散和发生火灾时仍需要工作的场所提供照明的系统。

通信机房内的相关位置要设置应急照明和疏散指示，具体位置如下所述。

① 封闭楼梯间、防烟楼梯间及其前室、消防电梯间的前室或合用前室。

② 建筑面积大于 100m^2 的地下或半地下公共活动场所。

③ 疏散通道。

④ 机房。

消防监控室、消防水泵房、油机发电机室、配电室、防排烟机房，以及发生火灾仍需要正常工作的消防设备室等应设置应急照明系统。

3. 消防火灾报警和应急广播系统

消防火灾报警和应急广播系统是火灾逃生疏散和灭火指挥的重要设备，在整个消防控制管理系统中起着极其重要的作用。当火灾发生时，应急广播信号通过音源设备发出，经过功率放大后，由广播切换模块切换到广播指定区域的音箱，实现应急广播。集中报警系统和控制中心报警系统中应设置应急广播系统。如果通信枢纽楼内同时设有火灾声、消防应急广播时，那么火灾声报警应与消防应急广播交替循环播放。

5.9 消防新技术

1. 吸气式感烟火灾探测器

吸气式感烟火灾探测器又叫极早期火灾探测器，是通过分布在被保护区内的采样管网上的采样孔主动把被保护区的空气吸入探测器来采集空气样本，并送到一个智能化的探测模块中，与模块中原来的设定值进行对比分析，由此给出准确的信号提示，并根据事先设定的灵敏度级别发出火灾报警。吸气式感烟火灾探测器是基于对火灾极早期（过热、阴燃、低热辐射和无可见烟雾生成阶段）的探测和预警，能在热分解阶段进行及时的报警。报警时间比传统的探测设备提早数小时，可以在火灾形成前极早发现风险隐患，将火灾风险概率降到最低。

吸气式感烟火灾探测系统包括探测器和采样网管。探测器由吸气泵、过滤器、激光探测腔、控制电路、显示电路等组成。吸气泵通过聚氯乙烯管或钢管所组成的采样管网，从被保护区内连续采集空气样品放入探测器。空气样品经过过滤器组件滤去灰尘颗粒后进入探测腔，探测腔有一个稳定的激光光源。烟雾粒子使激光发生散射，散射光使高灵敏的光接收器产生信号。经过系统分析，完成光/电转换。烟雾浓度值及其报警等级由显示器显示出来。主机通过继电器或通信接口将电信号传送给火灾报警控制中心和集中显示装置。

吸气式感烟火灾探测系统与常规的（点型）烟雾探测器有所不同。吸气式感烟火灾探测系统由在天花板上方或下方每隔几米平行安装的管子组成。在每根管子上，每隔几米就钻有一个小孔，这些小孔均匀地分布在天花板上，这样就形成了一组矩阵型的空气采样孔，吸气式感烟火灾探测系统如图5-19所示。利用探测主机内部抽气泵所产生的吸力，空气样品或烟雾通过这些小孔被吸入管道中，并传送到探测主机内部的高灵敏度烟雾探测腔内进行检测，从而确定空气样品中的烟雾颗粒浓度。

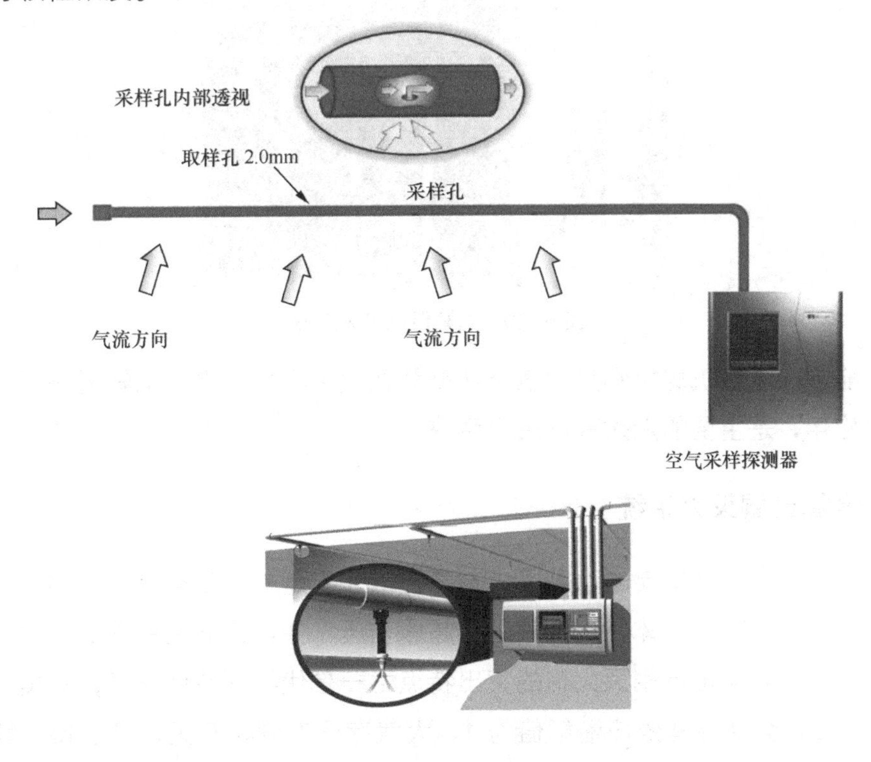

图5-19 吸气式感烟火灾探测系统

2. 七氟丙烷灭火系统

七氟丙烷是一种以化学灭火为主，兼有物理灭火作用的洁净气体化学灭火剂，属于多氟代烷烃，分子式为 C_3HF_7。它无色、无味、低毒，不导电，不污染被保护对象，不会对精密设施造成损坏。

七氟丙烷能以较低的灭火浓度，可靠地扑灭 B 类、C 类火灾及电气火灾。其存储空间小，临界温度高，临界压力低，在常温下可液化存储，释放后不含粒子或油状残余物，对大气臭氧层无破坏作用（对大气臭氧层的损耗潜能值为 0），在大气层停留时间为 31～42 年，符合环保要求。

七氟丙烷灭火系统适用于通信机房、数据中心、计算机房、配电室、油浸变压器、自备发电机房，以及图书馆、档案室、博物馆、文物资料库等场所，可用于扑救电气火灾、液体火灾、可熔化的固体火灾、固体表面火灾及灭火前能切断气源的气体火灾。七氟丙烷灭火系统如图 5-20 所示。

图 5-20　七氟丙烷灭火系统

目前，在通信机房特别是通信枢纽楼和数据中心机房内，七氟丙烷灭火系统被大量应用，是主要的消防气体灭火系统。

3. 全氟己酮灭火系统

全氟己酮是一种重要的哈龙灭火剂替代品，它是氟化酮类的化合物，是一种清澈、无色、无味的液体，用氮气进行超级增压，并作为灭火系统的一部分存放在高压气瓶中。全氟己酮灭火剂的突出特点之一是优异的环保性能，其臭氧损耗潜能值为 0，全球温室效应潜能值为 1，大气存活寿命为 5 天，可以持久地替代哈龙、氢氟烃类化合物和全氟类化合物。

全氟己酮的蒸发热是水的1/25，蒸汽压是水的25倍，这些性质使它易于汽化并以气态存在。其主要依靠吸热达到灭火效果，可以扑灭A类、B类、C类、E类火灾。吸热灭火的原理是全氟己酮会与空气形成混合气体，这一混合气体比空气的储热能力要强，这就意味着其能在工作时吸收更多的热量。全氟己酮灭火剂的灭火设计浓度一般为4%～6%，远低于七氟丙烷灭火剂的灭火设计浓度（8%～10%）。全氟己酮灭火剂的无毒性反应浓度为10%，大于七氟丙烷灭火剂的无毒性反应浓度（9%），安全余量比较高。

全氟己酮作为新一代洁净灭火剂引起了广泛的关注，并作为高效洁净的气体灭火剂被国际消防界接受、认可和广泛使用。它具有灭火浓度低、灭火效率高、安全系数高、不导电、无残留等特点，适用于不宜用其他灭火剂扑救和灭火后不能有严重的二次污染的火灾场所，典型应用场所包括通信机房、计算机房、数据中心、航空、轮船、车辆、图书馆等。

4. 气溶胶灭火器

气溶胶灭火器使用了全新的灭火理论，灭火有效物质由高效气溶胶产气药剂和新型灭火组合物共同产生。高效气溶胶产气药剂氧化还原反应产生的大量惰性气体将其自身产生的灭火有效物质和新型灭火组合物受热分解产生的高效灭火介质共同从喷口喷出，灭火组合物又因为自身的升华，受热分解或相互间吸热产生化学反应，充当了化学冷却剂的角色。其采用的气溶胶灭火技术是一种新型产气技术和纳米技术发展的结晶，具有灭火效率高、无毒无害、安全可靠、对环境无任何污染等显著特点。与传统的贮压式灭火器（例如干粉、二氧化碳等类型）相比，便携式气溶胶灭火器不需要压力贮存，省却了年检及维护费用，且无相应的安全隐患。因此，气溶胶灭火器具有灭火能效高、喷放速度快、使用温度范围广、产品小巧、启动控制稳、组合应用多等显著优点，还具有灭火后残留少、绿色环保、操作简便、性能可靠等其他传统类型灭火器无法企及的诸多优势。

气溶胶灭火器适合需要保护电子设备、带电设备，以及容易产生气体火灾的场所。由于产品无压贮存，不存在灭火器年检费用、更换药剂费用。

气溶胶灭火器可替代传统灭火器被广泛应用于工矿企业、宾馆、图书馆、机房、厨房、汽车、船艇、车库、码头、加油站等场所，并可用于扑灭B类、C类及带电设备的初期火灾。

在通信行业，气溶胶灭火器尤其适合针对锂电池之类高能量密度的储能设备的快速灭火和控制火情蔓延的场景。

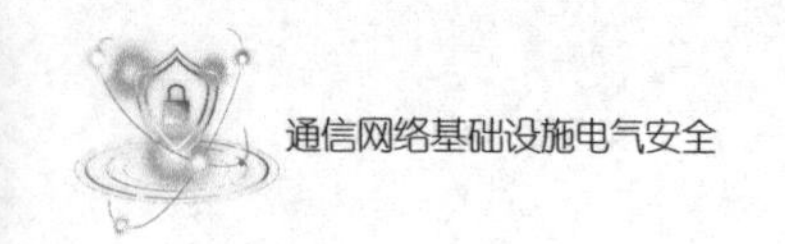

参考资料

[1] GB/T 4968—2008 火灾分类 [S]. 北京：中国标准出版社，2008.

[2] GB 50016—2014 建筑设计防火规范 [S]. 北京：中国标准出版社，2014.

[3] GB 50116—2013 火灾自动报警系统设计规范 [S]. 北京：中国标准出版社，2013.

[4] GB 25506—2010 消防控制室通用技术要求 [S]. 北京：中国标准出版社，2010.

[5] GB/T 51410—2020 建筑防火封堵应用技术标准 [S]. 北京：中国标准出版社，2020.

[6] YD 5003—2014 通信建筑工程设计规范 [S]. 北京：北京邮电大学出版社，2014.

[7] YD/T 2199—2010 通信机房防火封堵安全技术要求 [S]. 北京：人民邮电出版社，2010.

思考题

1. 通信机房火灾有什么特点？

2. 通信机房内容易发生火灾的原因有哪些？请举例说明。

3. 如果通信枢纽楼发生火灾报警，那么是否应该立即切断这栋大楼的除应急以外的全部供电电源？

4. 柴油发电机房应如何选择消防灭火系统？

5. 如果通信设备机房发生火灾，那么能否采用水灭火系统进行灭火？

6. 锂电池储能设备应如何选择消防灭火手段？

第六章

电气系统接地和接地保护

电气系统中必须有良好的保护措施来降低故障情况下的接触电压，防止可能发生的电击事故，以保障人身和设备的安全。

在低压交流配电系统中，发电机或变压器的三相电源绕组连成星形时，三相电源绕组必须有公共的电位参考点。此点与外部各接线端之间的电压绝对值是相等的，也被称为中性点。低压三相交流配电系统的中性点如图 6-1 所示。

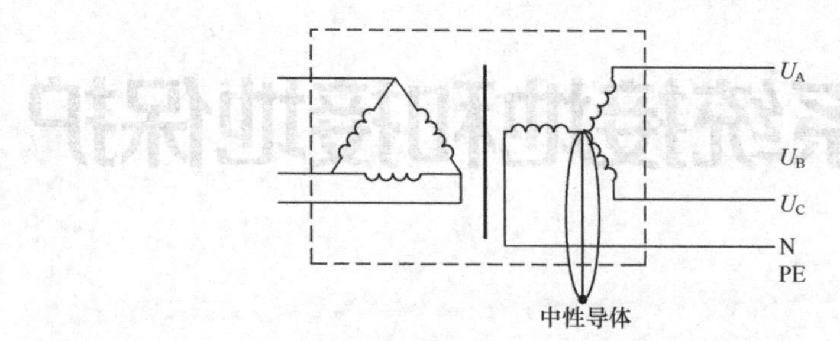

图 6-1　低压三相交流配电系统的中性点

6.1 基本概念

① 中性导体（N）：连接到系统中性点上并能够提供传输电能的导体，主要应用于工作回路，是从发电机或变压器中性点引出的主干线，称为“中性线”（“零”线）。

② 接地保护导体（Protective Earthing conductor，PE）：用于在故障情况下防止电击所采取保护措施的导体，称为“保护线”。

③ 接地导体（Earthing Conductor）：用于在设备、装置或系统给定点和接地极之间的电气连接，是具有低阻抗的导体，称为“接地线”。接地导体不用于工作回路，只作为保护线，利用大地的绝对“0”电压，当设备外壳发生漏电

时，电流会迅速流入大地，即使保护导体有开路的情况发生，也会从附近的接地体流入大地。

④ 系统接地（System Earthing）：系统电源侧某一点（通常是中性点）的接地。

⑤ 保护接地（Protective Earthing）：为实现安全目的，在设备、装置或系统上设置的一点或多点的接地。保护接地示意如图 6-2 所示。

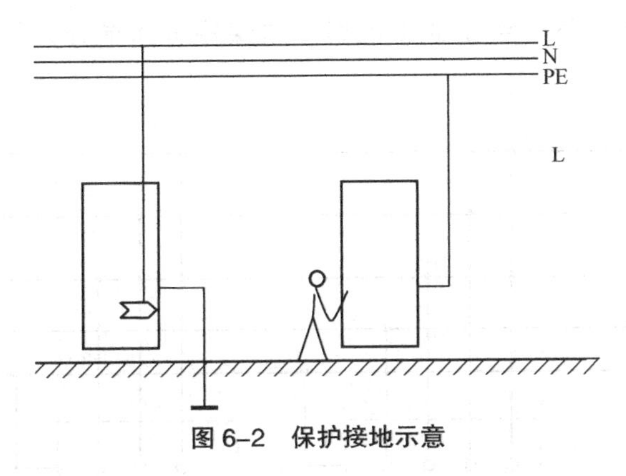

图 6-2 保护接地示意

6.2 交流系统接地

GB 14050—2008《系统接地的型式及安全技术要求》明确规定了系统标称电压为交流 380V/220V 电网的系统接地型式及安全技术要求。系统接地型式以拉丁字母作为代号，其含义如下。

① 第一个字母表示电源端与地的关系。

T——电源端有一点直接接地。

I——电源端所有带电部分不接地或有一点通过阻抗接地。

② 第二个字母表示电气装置的外露可导电部分与地的关系。

T——电气装置的外露可导电部分直接接地，此接地点在电气上独立于电源端的接地点。

N——电气装置的外露可导电部分与电源端的接地点有直接电气连接。

③ 半字线（-）后的字母表示中性导体与保护导体的组合情况。

S——中性导体与保护导体是分开的。

C——中性导体与保护导体是合一的。

根据中性导体和保护导体的连接方式，交流系统的接地有以下 3 种型式。

1.TN 系统

TN 系统在电源端有一点直接接地，电气装置的外露可导电部分通过保护性中性导体或保护导体连接到此接地点。根据中性导体和保护导体的组合情况，TN 系统的型式有以下 3 种。

① TN-S 系统：整个系统的中性导体与保护导体是分开的，TN-S 系统如图 6-3 所示。

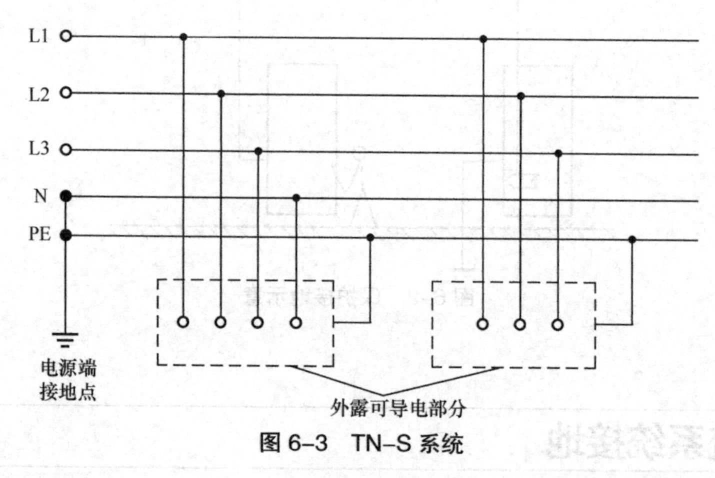

图 6-3　TN-S 系统

目前，常见的“三相五线制”就是一种 TN-S 型式的接地系统。

② TN-C 系统：整个系统的中性导体与保护导体是合一的，TN-C 系统如图 6-4 所示。

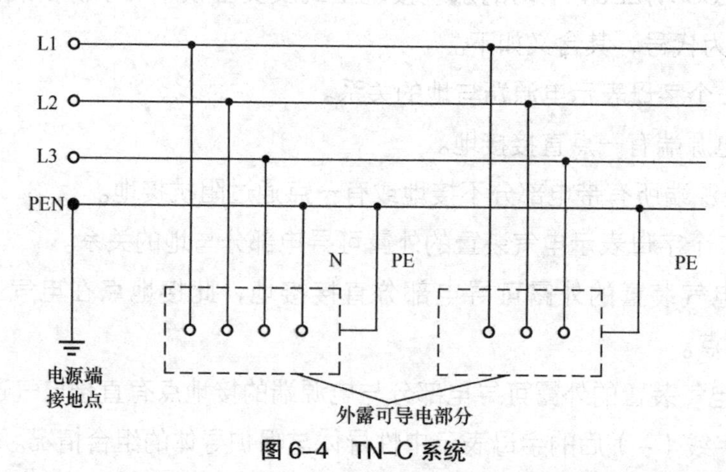

图 6-4　TN-C 系统

③ TN-C-S 系统：系统中一部分线路的中性导体与保护导体是合一的，TN-C-S 系统如图 6-5 所示。

在通信大楼的交流供电系统中，当电力变压器与通信大楼共用一个地网时，要求交流配电采用 TN–S 系统，即交流电源中性线（零线）在引入通信大楼（或低压电力室）后不再做重复接地，变压器低压侧的保护地线应与通信大楼内的接地总汇集排连通；当电力变压器与通信大楼不共用一个地网时，交流配电可采用 TN–C–S 系统，即交流电源中性线（零线）在引入通信大楼（或低压电力室）后做重复接地处理，保护地线由通信大楼地网（一般在低压电力室的接地总汇集排）引出。TN–C–S 系统如图 6–5 所示。

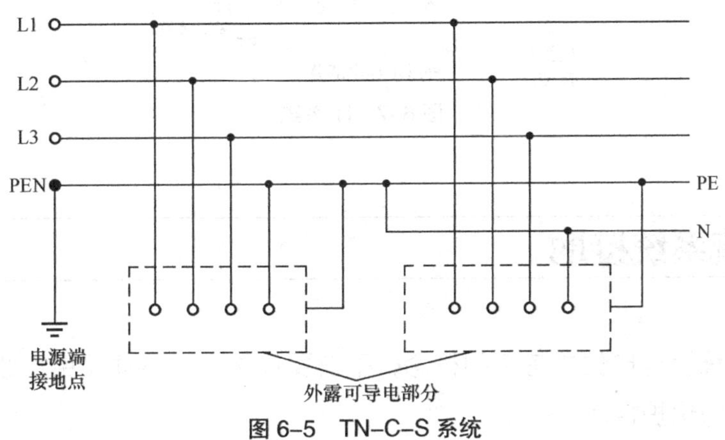

图 6–5　TN–C–S 系统

2.TT 系统

TT 系统在电源端有一点直接接地，电气装置的外露可导电部分也直接接地，此接地点在电气上独立于电源端的接地点。TT 系统如图 6–6 所示。

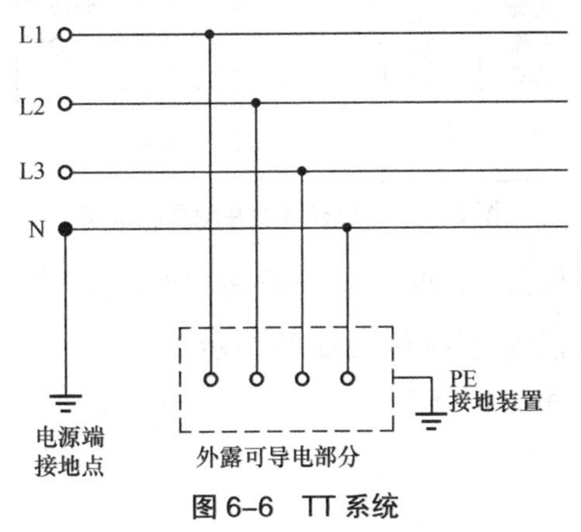

图 6–6　TT 系统

3.IT 系统

IT 系统在电源端的带电部分不接地或有一点通过阻抗接地，电气装置的外露可导电部分直接接地。IT 系统如图 6-7 所示。

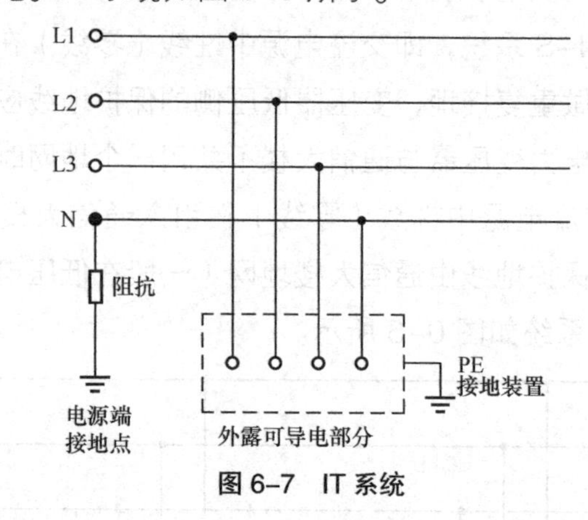

图 6-7　IT 系统

6.3 直流系统接地

直流系统没有电位参考点的概念，不需要设置中性导体（中性线），只需要保护导体，即保护接地。

-48V 直流电源系统是正极接地的共地系统。正极接地的共地直流系统如图 6-8 所示。

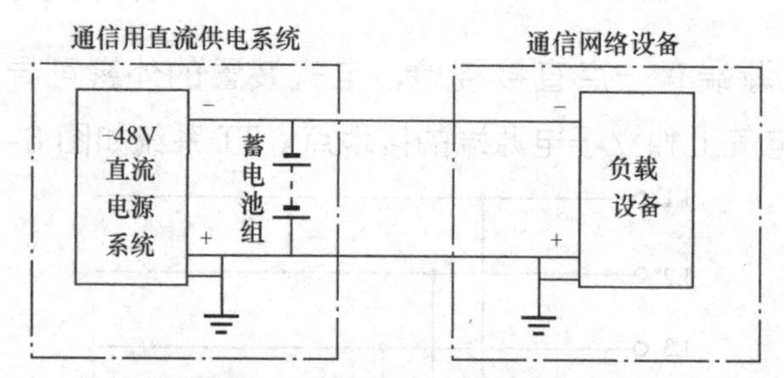

图 6-8　正极接地的共地直流系统

240V 直流电源系统及 220V 直流电源是“对地悬浮”供电系统，正负极均不能接地。对地悬浮的直流系统如图 6-9 所示。

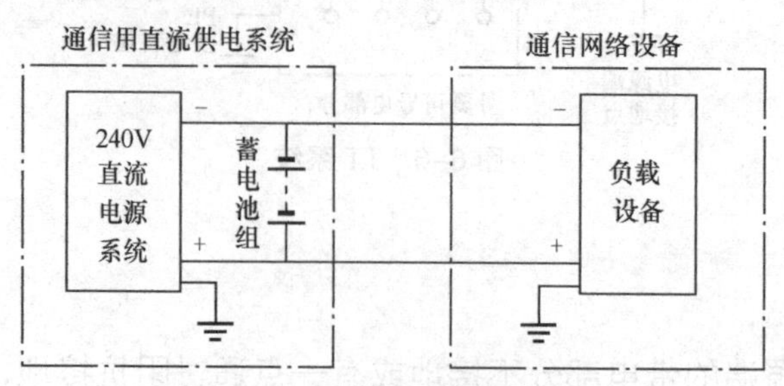

图 6-9　对地悬浮的直流系统

6.4 中性导体（N）的倒换和连接

1. 同一低压交流配电系统内部不能“断零”

在同一个低压交流供电系统中，中性导体（N）起到电位参考点的作用，其作为供电回路的一部分，是不可或缺的。系统的中性导体（N）失效（通常所说的“断零”或“飘零”），将会造成负载设备因过电压而损坏。因此，对于低压交流配电系统均在同一接地体内的TN-S或TN-C-S接地系统，如果采用了总等电位连结，为减少“断零”事故的发生，以及避免对人员和设备造成损害，那么应采用三极开关，实现倒换不“断零”。

2. 不同低压交流供电系统倒换必须“切零”

以380V/220V低压引入市电的交流配电系统，其不同路由的变电站及与通信机房建筑物（即变电站、备用发电机房和用电设备）之间一般采用不同的接地导体。虽然对变电站和备用发电机房分别实施了总等电位连结，但变电站和用电建筑物的接地导体并非是同一组，若主备电源出口开关及双电源转换开关为三极开关（不“切零”），则无法倒换中性导体（N）。任一电源发生接地故障都会对正在进行另一项电源检修作业的人员造成安全威胁。因此，此时主备电源出口开关及双电源转换开关必须设置为四极开关，以实现中性导体(N)的转换(“切零”)。

为了保证中性导体（N）转换中不“断零”，应采用三段式或具备中性导体重叠倒换技术的ATSE。三段式ATSE如图6-10所示。ATSE中性导体重叠倒换技术如图6-11所示。

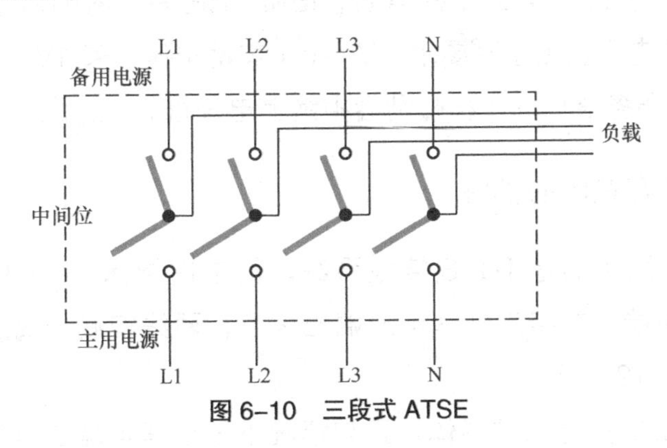

图6-10 三段式ATSE

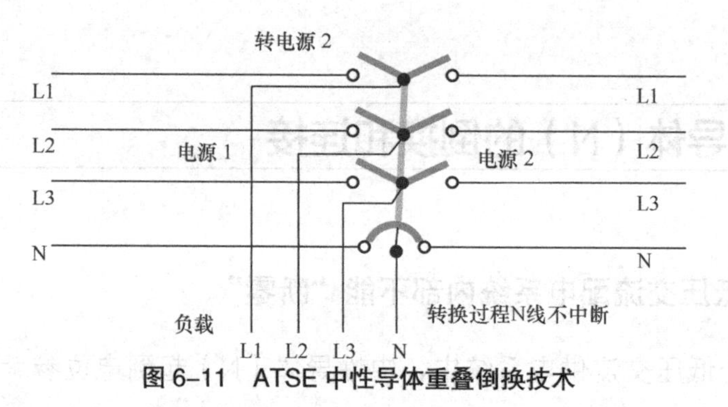

图 6-11 ATSE 中性导体重叠倒换技术

3.10kV 高压侧倒换

重要通信机房的电源系统一般采用直接引入 10kV 高压市电和 10kV 高压发电机的方式。为减少“断零”事故的发生，以及避免对电气设备及检修人员造成危害，对变压器和负载设备采用同一组接地导体的供电系统，选用 TN-S 或 TN-C-S 接地系统，并在通信局（站）内做总等电位连结。当 TN-S 系统发生相线接地故障时，TN-S 系统发生相线接地故障时，中性导体（N）或保护导体（PE）上的电压，只是从总等电位连结点至短路点之间的短路电流在中性导体或保护导体上引起的电压降。在正常设计的配电线路中，此电压不会超过人体安全接触电压（50V）。如果采用 TN-C-S 系统，在重复接地点引出 PE 线和 N 线后的网络中配置电气设备，并对建筑物进行总等电位连结，那么与 TN-S 系统一样，TN-C-S 系统内均不用中性线倒换。因此，可采用三极开关（不“切零”）。

6.5 关于 IT 设备零地电位的讨论

为了满足 IT 设备正常工作的需要，IBM、HP 等厂商的新型服务器对交流 UPS 输出的零地电压提出了高要求：Vn-g（零地电压）< 1V。如果现场零地电压达不到要求，服务器厂商工程师则会拒绝上电开机。

1. 零地电压存在的必然性

通信机房内采用的是 TN-S 接地系统，其中性导体（N）和接地保护导体（PE）只在电源端一起接地，从电源端出来后，两线彻底分离。通信机房供电系统示意如图 6-12 所示。

PE 作为设备的接地保护导体，正常情况下是没有电流通过的，是不带电导体，其电动势与大地基本相等。如果交流 UPS 供电系统输出的三相电流绝对平衡，则中性导体（N）的电动势基本为零，但事实上负载的三相电流很难做到平衡，其原因如下。

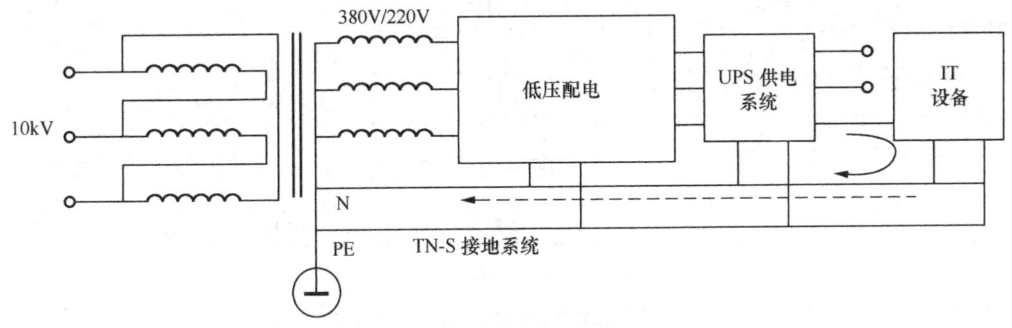

图 6-12 通信机房供电系统示意

① 电网三相电压幅值或相位的对称度，产生三相不平衡电流。

② 三相负载电流的大小或阻抗性质不对称，产生三相不平衡电流。

③ 三相负载中可能存在 3*n* 次谐波。

此时，中性导体（N）作为供电回路的一部分必然有电流通过，对地必然存在电动势，故中性导体（N）是带电导体。

采用交流供电的通信设备大部分是单相设备，且其电源模块也是采用高频脉宽调制整流的设备，输入电流必然含有大量的谐波，相线之间的谐波电流不能相互抵消，需在中性导体（N）上叠加，其电动势必然提高。例如，三相电路中性导体所叠加的各相 3 次谐波电流如图 6-13 所示。

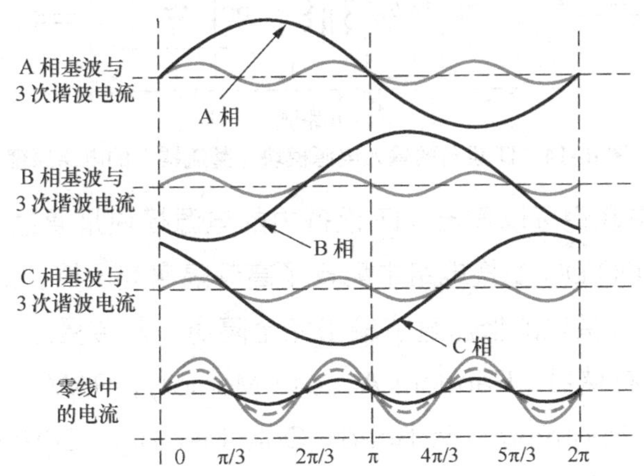

图 6-13 三相电路中性导体所叠加的各相 3 次谐波电流

2. 零地电压高并不会影响 IT 设备的正常工作

许多人都习惯将 IT 设备中出现的问题归咎于零地电压高，其实并不是。这是一个基本概念问题。IT 设备的输入电源模块（整流器）的电路原理如图 6-14 所示。

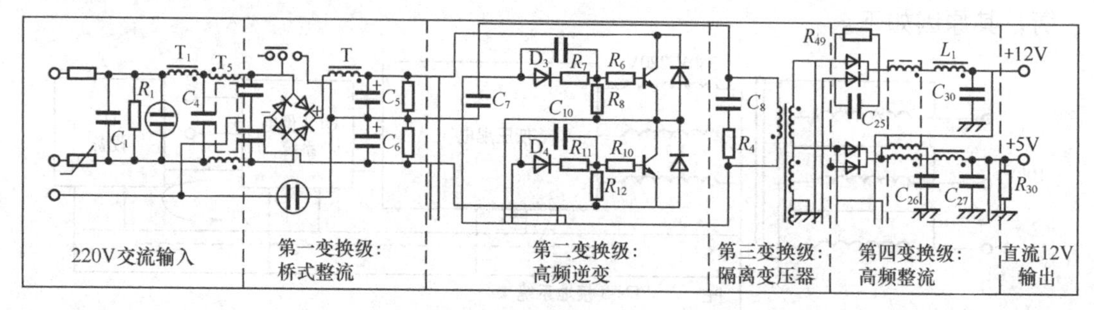

（a）ATX标准

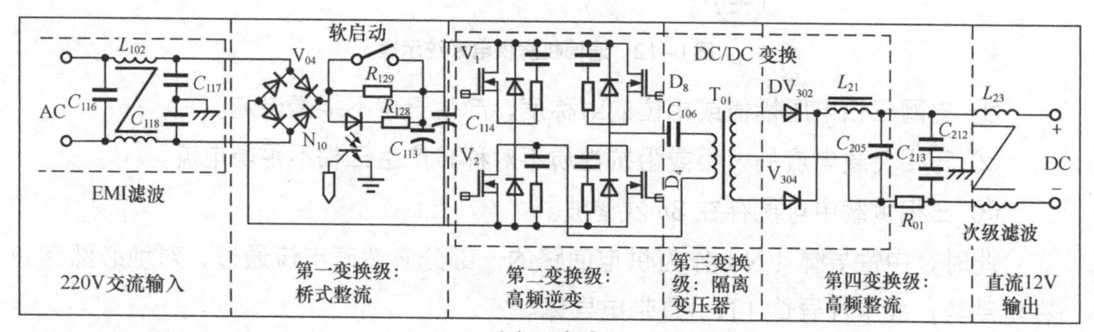

（b）SSI标准

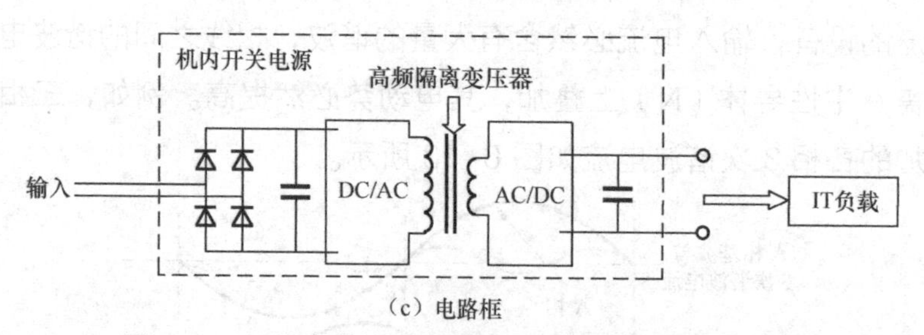

（c）电路框

图 6-14　IT 设备的输入电源模块（整流器）的电路原理

从图 6-14 中我们可以看出，IT 设备内的电源模块是通过 DC/DC 变换向 IT 设备供电的，而 DC/DC 变换电路中配置了高频隔离变压器，此隔离变压器将交流输入与为 IT 设备供电的低压直流输出完全隔离。从传播途径分析，IT 设备内部的 CPU、随机存储器（Random Access Memory，RAM）、可擦编程只读存储器（Erasable Programmable Read—Only Memory，EPROM)、硬盘的元部件不受影响。所以，无论多高的零地电压，都不会对 IT 设备造成影响。

3. 对零地电压提出要求的真正原因

IT 设备供应商对零地电压提出要求的真正原因是要保证三相供电系统对单相

IT 设备供电不“断零”。

当三相供电系统对单相负载供电时，三相供电系统的零线是绝对不能断开的。当零线漏接、虚接或系统倒换时，若出现相线接通而零线断开的状态，则会瞬间影响甚至损坏 IT 设备。三相供电系统“断零”对单相负载的影响如图 6-15 所示。

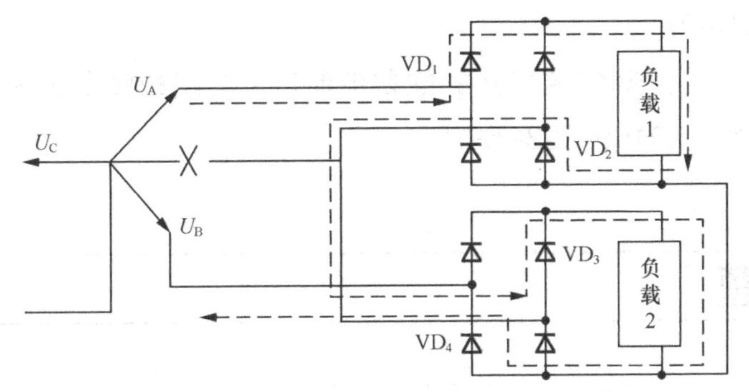

图 6-15 三相供电系统“断零”对单相负载的影响

由此可以分析出以下两点。

① 图 6-12 的交流 UPS 带载前，由于全部负载是断开的，负载电流为零，不存在产生零地电压的负载不平衡电流和谐波电流影响等问题。此时对零地电压进行测量，则“零地电压＜ 1V”可以作为衡量零线是否接好的标志。

② 交流 UPS 带载供电后，零地电压的大小还与负载大小、非线性特性，以及传输线径、传输距离有关。实际检测数据表明，在正常状态下，零地电压在 5 ～20V 不等。

通过讨论，我们得出以下结论。

- 在三相五线制（TN-S 形式）的供电系统中，特别是在大部分为单相 IT 负载的情况下，零线会存在工作电流，产生零地电压是正常的。
- 零地电压不会直接影响 IT 设备的正常运行。
- 如果三相电源为单相负载供电时，就不能“断零”。
- 在空载情况下，可以用测量零地电压的方法判定三相供电系统的零线是否接好。

参考资料

[1] GB 14050—2008 系统接地的型式及安全技术要求 [S]. 北京：中国标准

出版社，2008.

[2] 冯娟娟，侯福平. 通信电源系统中的中性线开关和接地方式选择探讨[C]//. 通信电源新技术论坛——2008 通信电源学术研讨会论文集，2008:184-187.

[3] 谢琦，余平放，郑啸. 零地电压对数据通信设备影响的分析 [J]. 电信技术，2010(8):23-27.

[4] 侯福平，蓝郁峰. 通信用铅酸蓄电池电气短路故障及漏液隐患分析和检测 [J]. 电信技术，2016(6):53-59.

思考题

1. 常见的“三相五线制”供电模式属于哪一种系统接地形式？
2. 在市电变压器—油机转换时，应该采用 3P 倒换还是 4P 倒换？
3. 如何保证不同的低压供电系统倒换时不“断零”？
4. 交流 UPS 系统的输出配电中，应该采用 3P 断路器还是 4P 断路器？
5. 中性导体能否作为接地保护导体使用？

第七章

机房电气环境安全

7.1 机房电气环境的主要考量指标

通信机房的环境指标是根据通信设备自身的技术要求及对环境的不同要求而确定的，通信机房环境会直接影响通信网络系统设备的电气安全和运行安全。通信机房环境的主要考量指标包括温度、相对湿度、洁净度、海拔高度（大气压力）和新风量等。在通信行业标准 YD/T 1821—2008《通信中心机房环境条件要求》中，规定了通信中心机房的温度、相对湿度、洁净度、静电干扰、噪声、电磁场干扰、防雷接地、照明、安全、集中监控管理等机房环境的标准，下面进行具体介绍。

1. 温度

通信行业标准 YD/T 1821—2008《通信中心机房环境条件要求》中将通信机房内的温度划分为3类。各类通信机房的温度应在一定范围内，且温度变化率应＜5℃/h（不得凝露）。其中，一类通信机房的温度为 10 ～26℃；二类通信机房的温度为 10 ～28℃；三类通信机房的温度为 10 ～30℃。

部分通信机房对室温变化范围有特殊要求，特殊通信机房的温度要求见表 7-1。

表 7-1　特殊通信机房的温度要求

机房类别	温度
IDC 机房	20 ～ 25℃
蓄电池室	15 ～ 30℃
发电机组机房、变配电机房	5 ～ 40℃

2. 相对湿度

通信机房内的相对湿度可划分为以下 3 类。

一类通信机房：40% ～70%。

二类通信机房：20% ～80%（温度≤ 28℃，不得凝露）。

三类通信机房：20% ～85%（温度≤ 30℃，不得凝露）。

当通信机房空调的加湿度和除湿度达不到湿度要求时，相关人员应采取辅助加湿、除湿措施，例如安装滤尘加湿机或除湿机等。

3. 洁净度

洁净度是指通信机房内空气中含悬浮粒子量的多少。

通信机房的洁净度要求见表 7–2。

表 7–2　通信机房的洁净度要求

级别	灰尘粒子直径	灰尘粒子浓度
一级	＞ 0.5μm	≤ 350 粒 / 升
	＞ 5μm	≤ 3.0 粒 / 升
二级	＞ 0.5μm	≤ 3500 粒 / 升
	＞ 5μm	≤ 30 粒 / 升
三级	＞ 0.5μm	≤ 18000 粒 / 升
	＞ 5μm	≤ 300 粒 / 升

各类通信机房内的灰尘粒子浓度级别要求见表 7–3。

表 7–3　各类通信机房内的灰尘粒子浓度级别要求

机房类别	灰尘粒子浓度级别
一类通信机房	二级
二类通信机房	二级
三类通信机房	三级
IDC 机房	一级
蓄电池室	三级
变配电机房	三级
发电机组机房	—

通信机房和通信电源机房必须有相应的措施来保证其洁净度。如果洁净度达不到要求，将会导致电气设备的绝缘度或电阻率下降，直接影响电气设备的正常运行，甚至出现未知的疑难故障和安全隐患。

4. 海拔高度

当电力电子半导体器件、堆和装置在高于1000m的地区使用时，由于空气稀薄，散热会受到影响，其电流容量将低于规定值。假定环境温度保持不变，电流容量随海拔高度的变化关系如图7-1所示。

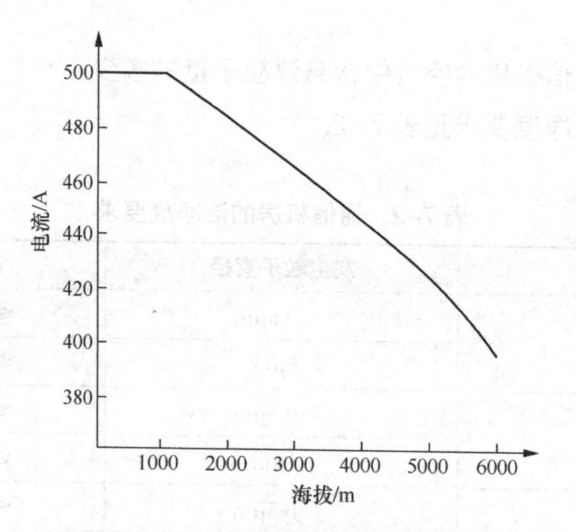

图7-1　电流容量随海拔高度的变化关系

一般的标准、规范会以海拔高度不超过1000m（或2000m）作为分界线。海拔高度超过1000m时应按照相关规定将电流降容使用。

注意，对于需要空气特别是氧气参与的设备，例如，内燃机发电机组、氢燃料电池等，大气压力对其的影响是非常明显的。

5. 新风量

对于有人值守或有人正在工作的通信机房，必须保证机房内有足够的新风量（以同时工作的最多工作人员计算，每人的新鲜空气量不小于30m^3/h），以保证人身安全。

由于必须有新风的送入，因此通信机房都是正压的空间。

7.2 防静电

1. 静电产生的原理

“静电”是指具有不同静电电位的物体由于直接接触或静电感应所引起的物体之间静电电荷的转移。通常指在静电场的能量达到一定程度后，击穿其间介质而进行放电的现象。静电是静止的，且电流小，不会形成回路，但在有运动、有摩擦时，会产生静电反应，电位有时可高达几千伏或几万伏，放电后迅速消失，不能输送和分配。

2. 静电的危害

在通信机房内，静电对电子产品的危害见表 7–4。

表 7–4　静电对电子产品的危害

电子产品	危害种类
半导体器件	击穿、半击穿、软击穿、退化、降低使用寿命、隐患故障等
电子计算机	停机、漏失信号、随机软性错误、误动作等
程控交换机	功能性错误、中断接口、内存锁死、中断信号、误串信号、误呼叫、劣化音质音量等
打印机、监视器及外围设备	停机、失步、失控、错误记录、错误显示、丢失信号、软盘失控、卡片难整理、磁不良、键盘锁死等
测试仪器	零点变动、错误信号、失控、错指示、不指示、随机指示、可靠度降低等
录像录音设备	产生杂音、磁带运转不良、磁头磨损、图像失真、信号错乱等

3. 静电的防护

在通信机房内，地板、工作台、通信设备、操作人员等对地静电电压绝对值应不小于 200V。如果通信机房敷设防静电地板，防静电地板表面电阻值和系统电阻值均为 $1\times10^5\Omega$ 至 $1\times10^9\Omega$。通信机房内的工作台、椅、终端台应是防静电的。台面静电泄漏的系统电阻值及表面电阻值均为 $1\times10^5\Omega$ 至 $1\times10^9\Omega$。

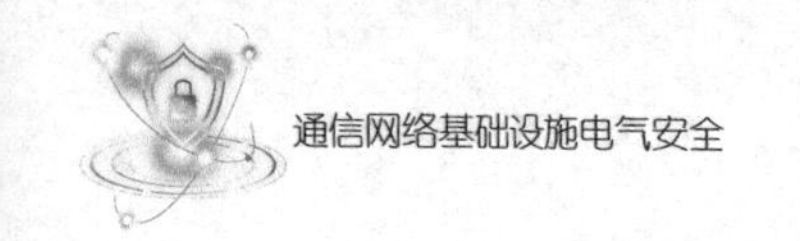

在通信机房内，防静电操作要求如下。

① 进入有防静电要求的通信机房前应穿好防静电服、防静电鞋，不得在通信机房内直接更衣、梳理。

② 待机架安装在固定位置连接好静电地线后，方可拆封机架（或印刷电路板组件）上套的防静电罩。

③ 在机架上插拔印刷电路板组件或连接电缆时，应佩戴防静电手腕带。手腕带接地插入机架上的防静电塞孔内，腕带和手腕皮肤应可靠接触。腕带的泄漏电阻值应在 $1\times10^5\Omega$ 至 $1\times10^7\Omega$。

④ 备用印刷电路板组件和维护须使用的元器件必须在机架上或防静电屏蔽柜（袋）内存放。

⑤ 机房内的图纸、文件、资料、书籍等必须存放在防静电屏蔽柜（袋）内，使用时，需远离静电敏感器件。

⑥ 外来人员（包括外来参观人员和管理人员）进入机房前必须穿防静电服和防静电鞋。在未经允许或未佩戴防静电手腕带的情况下，不得触摸和插拔印刷电路板组件，也不得触摸其他元器件、备用件等。

7.3 空气质量的影响

通常，人们主要关注通信机房内空气的洁净度，即机房内空气中含悬浮粒子量的多少。事实上，通信机房内的空气质量（空气的化学成分）特别是腐蚀性气体对电气安全的影响也是非常大的。

1. 腐蚀性气体的分类

从理论上分析，对电子设备有害的腐蚀性气体可分为以下几类。

① 硫化物。主要包括 H_2S、SO_2、SO_3 等。石化燃料制造及燃烧、汽车尾气、硫酸工业、污水处理等是主要来源。

② 氮化物。主要包括 NO、NO_2、N_2O_3、NH_3 等。石化燃料燃烧、汽车尾气、化学工业、微生物活动等是主要来源。

③ 卤化物。主要包括 Cl_2、HCl、氯盐、HF 等。石化燃料燃烧、汽车尾气、金属陶瓷制造业、海洋过程、光化学过程等是主要来源。

④ 粉尘污染。主要包括各类直径的悬浮颗粒物。石化燃料燃烧、汽车尾

气、矿石开采、建筑施工、沙尘天气等是主要来源。

2. 电子设备受腐蚀的机理

造成电子设备腐蚀的原因如下。

① 蠕变腐蚀。腐蚀区域像爬虫蠕动一样，从中心向周围扩散。蠕变腐蚀的核心是溶解、扩散、沉淀。由于室内的相对湿度不断变化，PCB 表面的水膜阶段性出现，腐蚀性气体溶于水膜，对接触点（例如，通孔）产生腐蚀，根据扩散沉淀原理，由通孔向四周蔓延，腐蚀物的厚度逐渐变薄，颜色逐渐变浅。蠕变腐蚀部位显微图示例如图 7–2 所示，从图中我们可以看出，每层腐蚀物之间都有明显的界线。

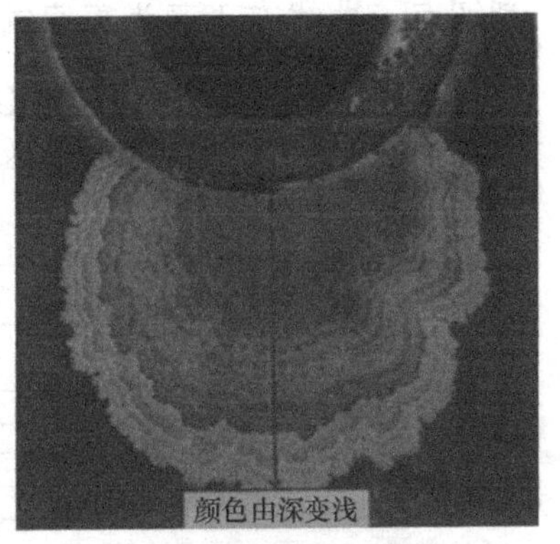

图 7–2 蠕变腐蚀部位显微图示例

② 硫化腐蚀。PCB 板或 IT 设备的接插件（例如，内存、硬盘、网卡、CPU 等）部位，总是或多或少地存在空隙。当镀层出现小孔或间隙时，腐蚀性气体分子（例如，二氧化硫、硫化氢等）就会透过小孔，在水膜的作用下与金属发生电化学反应，引起腐蚀。无论是在生产过程中，还是在加工焊接过程中，小孔及间隙都是不可控制的，随机地发生在任何一个镀层处。硫化腐蚀部位显微图示例如图 7–3 所示。

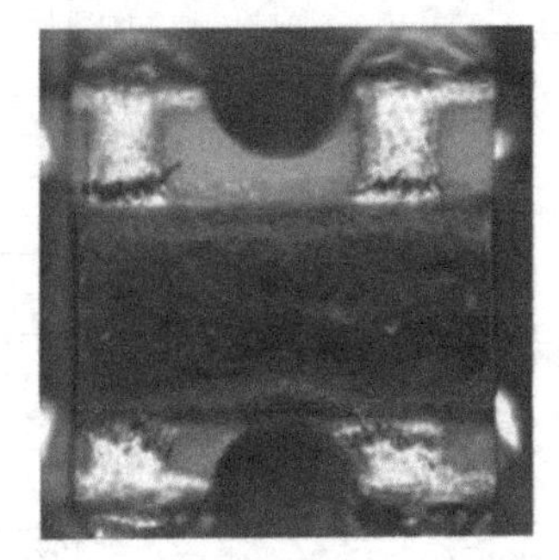

图 7–3 硫化腐蚀部位显微图示例

③ 粉尘腐蚀。粉尘腐蚀的主要机理是因为腐蚀性物质或易导电物质附着在粉尘表面，随着空气的流动进入设备内部，一旦形成沉降和附着，就容易发生腐蚀并引起设备短路。表面附着的白点为 $MgCl_2$ 如图 7–4 所示。粉尘腐蚀部位显微图示例如图 7–5 所示。

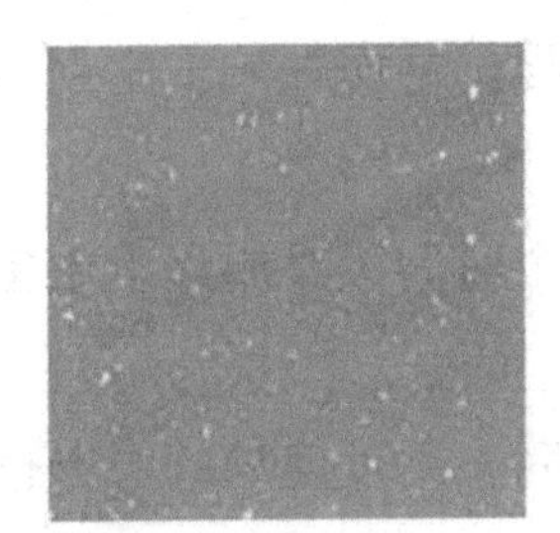

图 7–4 表面附着的白点为 $MgCl_2$

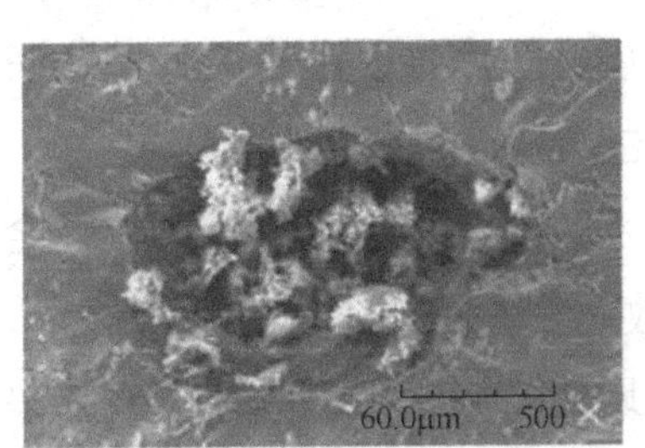

图 7–5 粉尘腐蚀部位显微图示例

④ 潮解腐蚀。机房内部的湿度通常保持在 40％～60％。在这个范围内，很多盐类物质容易发生潮解。所谓潮解是因为空气中水蒸气分压大于结晶水合物的饱和蒸气压，于是结晶水合物将吸收空气中的水分并发生潮解，直到气相中水蒸气分压与结晶水合物的饱和蒸气压相等为止。通俗地说，潮解是物质获取结晶水变成溶液的一个过程。

氯盐物质的潮解曲线如图 7-6 所示。曲线上的交叉点就是不同盐类物质的潮解点。曲线左下区为无腐蚀区，右上区为腐蚀区。从图 7-6 中我们可以看出，若机房的环境较潮湿，则 $MgCl_2$、$CaCl_2$、$FeCl_3$ 等成分容易发生潮解。这些盐类物质潮解后，将附着在电路表面，引起腐蚀和短路。

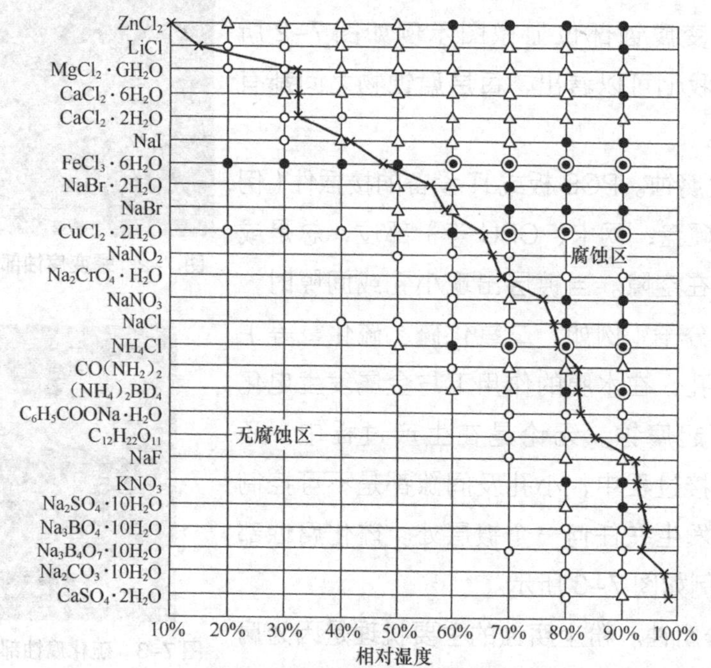

图 7-6　氯盐物质的潮解曲线

3. 电子设备受腐蚀的特点

总结以上各类腐蚀现象，腐蚀性气体对电子系统设备的危害具有以下特点。

① 滞后性。腐蚀过程通常是一个长期的过程，从腐蚀的发生到引发器件的失效，往往经历相当长的时间。

② 爆发性。一旦发生腐蚀，往往会在某一个时间段集中爆发设备故障，导致设备失效。

③ 区域性。各地的空气质量及污染成分不同，引发腐蚀的原因也会各不相同。例如，电厂附近因燃烧煤炭而产生大量的硫化物，沿海地区因各类氯盐含

量高而引起设备被腐蚀。

④ 欺骗性。设备发生故障时，总认为是设备出现质量问题或硬件失效导致的，而没有意识到腐蚀才是导致设备发生故障的原因。

4.“无铅化”给电子设备带来的新挑战

传统电子设备焊接所需的重要材料——锡铅合金是有毒物质，因此电子设备在生产与回收中都会导致严重的环境污染。欧盟于 2003 年发布了《电子电气设备限制使用导致有害物质指令》和《报废电子电气设备指令》，我国于 2006 年发布了《电子信息产品污染控制管理办法》。这些政策法规的出台说明电子信息产品正式进入“无铅化”时代。

目前，“浸银”是“无铅化”印刷电路板表面处理常见的工艺，但当环境中的硫化物的成分较高时，“浸银”处理的电路板则更容易发生“蠕变腐蚀”，从而造成电子线路短路。

5. 通信机房内腐蚀性气体的来源

1）腐蚀性气体来源

通信机房内部的腐蚀性气体来源包括以下 3 类。

（1）由新风换气系统补充新入的室外空气及人员进出带入的室外空气所携带的腐蚀性气体，占腐蚀性气体来源的主要部分且受环境质量影响较大。

（2）由室内装饰材料挥发（如岩棉、涂料）的腐蚀性气体，随着机房的长期使用，这一类的腐蚀性气体将逐步减少 。

（3）由设备运行过程中产生散发的腐蚀性气体，如镀锌材料、电缆材料。影响较小且随着设备的运行使用，这一类的腐蚀性气体将逐步减少 。

2）腐蚀性气体是外源性的

通信电源机房内，柴油发电机、铅酸蓄电池、线缆槽道等设备运行是产生各种废气和腐蚀性气体的主体，应采取相关通风排气等防护措施，做好个人安全防护，确保人身安全。

除此之外，通信电子设备和电缆、机壳、走线架以及空调管道等，基本上不是金属类材料就是塑料类材料，运行时不会产生腐蚀性气体。特别是机房内的物质不含硫，也不会燃烧或产生大规模的化学反应，没有产生硫化物的物质基础，因此无硫化物产生源。

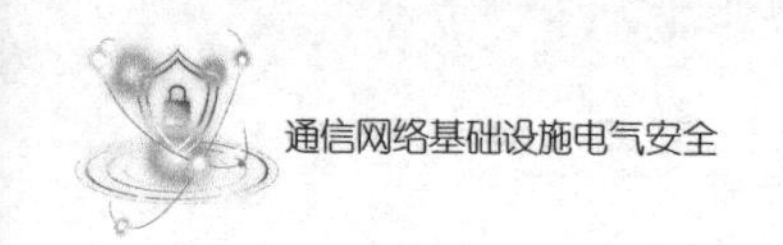

3）引入外部新鲜空气的必要性和不可控性

为维持机房内空气正压和改善室内空气质量，有利进入机房工作人员的身体健康，本身就要求有一定的新风引入机房。在机房环境标准中，也强调了机房内必须引入规定量的新风。加上平常的人员进出机房，外部空气进入机房是不可避免的。而我们无法控制机房外部空气质量的好坏，目前，新风引入标准要求中只考虑灰尘颗粒过滤要求，没有要求气体成份过滤的部分。所以，室外腐蚀性气体特别是硫化污染物的进入又是不可避免的。

因此，必要时应对通信设备有腐蚀性的气体和对人身有害的气体以及易燃易爆的外来气体，采取有效的措施，防止有害气体流入通信机房。

参考资料

[1] GB 12158—2006 防止静电事故通用导则 [S]. 北京：中国标准出版社，2006.

[2] YD/T 1051—2018 通信电源总体技术要求 [S]. 北京：人民邮电出版社，2018.

[3] YD/T 1821—2008 通信中心机房环境条件要求 [S]. 北京：人民邮电出版社，2008.

[4] 李亚. 让 IT 系统自由呼吸——谈谈腐蚀性气体对 IT 系统的影响及应对措施 [J]. 机房技术与管理，2013(2):6.

思考题

1. 通信机房和通信电源机房的环境有哪些主要指标考量？

2. 请叙述机房环境温度对阀控密封式铅酸蓄电池的影响。

3. 静电对电气安全有什么影响？如何防护？

4. “无铅化”给电子设备带来了哪些影响？

第八章

机房电气操作安全

8.1 电气操作安全对操作人员的要求

电气操作人员在通信机房和通信电源机房中对电气设备进行操作作业时应具有以下从业条件。

① 具有良好的精神素质。

② 身体健康，无妨碍电气操作的病症和生理缺陷。

③ 熟悉安全操作规程及相应的现场操作规程，经过相关学习和通过等级认证考试，取得“电工证”或“高压电工证”等操作资质。

④ 具备必要的电工理论知识和专业技能。

⑤ 熟悉所操作的电气设备及线路的情况。

⑥ 掌握触电急救知识，能够在发生人身触电及电气火灾时处理恰当。

8.2 电气操作安全的组织措施

电气操作安全的组织措施包括现场勘察制度、操作票（工作票）制度、工作许可制度、工作监护制度、工作间断制度、工作结束和恢复送电制度等。其中，电气操作安全的组织措施明确规定要求所有在线带电作业必须以操作票（工作票）作为准许在电气设备及系统软件上工作的书面命令，该操作票（工作票）也是作为执行保证安全技术措施的书面依据。对重要设备特别是高压变配电系统设备进行操作时，应严格按照“双人作业”和“一人唱票、一人操作”的要求执行。这种技术组织措施有力地保证了操作人员在现场进行操作的安全。

1. 操作票（工作票）

操作票（工作票）是保证现场作业电气操作安全的一项重要的组织措施，是执行保证安全技术措施的书面依据，目的是履行安全职责、强化安全意识、筑牢安全防线。电力部门对操作票（工作票）的操作有明确的规定要求和一整套完善的操作流程，通过操作票(工作票）的形式规定了人员在操作过程中的要求和程序。

采用操作票（工作票）的形式，可以明确工作中的职责，分析工作环境的危险性，并采取措施保证安全，实现了对现场作业的程序管理、过程控制，保证了现场安全，尤其是人身安全。

2. 唱票操作

唱票操作是指监护人根据操作内容和操作顺序逐项朗诵操作指令，操作人朗诵指令并得到监护人认可的过程。

现场操作过程中，应严格执行唱票制度，唱票人必须在得到操作者明确回复的情况下方可进行下一步，必要时可以进行书面唱票。

8.3 电气操作安全的技术措施

1. 高压电气操作安全技术措施

通信电源设备中，一般把高于 380V 交流电的电气设备视为高压电气设备。

在对高压电气设备进行操作作业时，要求离线下电进行。运维人员或有权执行操作的人员应严格按照“停电—验电—接地—悬挂标示牌和装设遮栏(围栏)”的步骤执行。

① 高压电气设备停电时，应把全部电源完全断开（任何运行中的星形接线设备的中性点，应视为带电设备）。禁止在只经断路器（开关）断开电源的设备上工作。应拉开隔离开关（刀闸），手车开关应拉至试验或检修位置，全部电源应有一个明显的断开点（对于有些无法观察到明显断开点的设备除外）。与停电设备有关的变压器和电压互感器也应断开，防止向停电检修设备反送电。

检修设备和可能来电侧的断路器（开关）、隔离开关（刀闸）应断开控制电源和合闸电源，隔离开关（刀闸）操作把手必须锁住，确保不会误送电。

对难以做到与电源完全断开的检修设备，可以拆除设备与电源之间的电气连接。

② 验电时，应使用相应电压等级且合格的接触式验电器。验电前，应先在有电设备上进行试验，务必确保验电器运行良好。无法在有电设备上进行试验

时，可用高压发生器等确保验电器运行良好。

③ 当验明设备已无电压后，应立即将检修设备接地并三相短路。电缆及电容器接地前应逐相充分放电，星形接线电容器的中性点应接地，串联电容器及与整组电容器脱离的电容器应逐个放电，装在绝缘支架上的电容器外壳也应放电。

④ 在一经合闸即可送电到工作地点的断路器（开关）和隔离开关（刀闸）的操作把手上，均应悬挂“禁止合闸，有人工作”的标示牌。

当由于设备原因，接地刀闸与检修设备之间连有断路器（开关）时，在接地刀闸和断路器（开关）合上后，在断路器（开关）的操作把手上，应悬挂“禁止分闸！”的标示牌。

在显示屏上进行操作的断路器（开关）和隔离开关（刀闸）的操作处均应相应设置“禁止合闸，有人工作”或“禁止合闸，线路有人工作”或“禁止分闸”的标记。

2. 低压电气操作安全技术措施

通信电源设备中，一般把 380V 及以下电压的交流电气设备视为低压交流电气设备。

操作人员在低压交流侧进行割接或上下电操作时，必须严格遵守“先下后上”的原则，具体介绍如下。

① 新、旧交流系统割接必须严格按照“先拆旧电，后接新电”的原则进行。下电时，应先下旧电、相线，后下、慢下零线。应确认旧电的所有相线都下电后，再断开零线，以避免“断零”和“飘零”的情况发生。

上电时，首先要验明并确认零线和相线的相位。先接零线，后接相线。

② 必要时，应使用验电棒进行验电，以防止发生残电伤人事故。

③ 禁止出现同一回路中有两套或两套以上的交流电源同时供电的现象，防止发生交流短路事故。

3. 直流电气操作安全技术措施

通信机房中的直流电源通常为 −48V 和 240V。

直流电源为线性电源。电压和极性相同时，两套或多套电源系统可以并联运行，即可以在线进行新、旧直流供电系统不停电带电割接。

① 由于 −48V 直流电源系统为正极接地的共地系统，因此在下电时应先断负极再断正极，上电时应先接正极后接负极。避免负极因意外接触设备机体外壳

造成正负极短路。

特别要注意，切断负极时，必须将所有电缆两端同时断开，并妥善绝缘并绑扎好。避免因可能有多根电缆并联使用而没有真正断开。

上电时，应测量电缆接头两端的电压，尽量减小压差（控制在 0.5V 以内）。必要时可以通过电源系统调整电压。

② 直流 240V 电源（包括高 / 低压变配电系统的直流 220V 电力操作电源）是高于安全电压的电源，因此在操作作业时，应参照交流 380V/220V 电压等级进行安全保护。

直流 240V 是一个对地悬浮供电的电源系统，要求直流输出回路中的正负极均不能接地。进行电气操作时，应通过系统提供的绝缘监察功能检查正负极对地的绝缘情况。严禁在存在绝缘监察告警的状态下进行操作作业。

③ 对在用的直流电源设备和电气设备进行上电或下电操作时，必须先进行验电。在确认电压、电流合理正常的前提下进行操作。验电的原则是上电（或上熔丝）先测量电压，下电（或下熔丝）先测量电流。

4. 电力电缆操作安全技术措施

电力电缆的布放或拆除、电缆与设备的连接或断开，都是电气操作作业的经常性工作。

① 连接设备时，先接设备，后接电源。拆除设备时，先拆电源，后拆设备。

② 连接交流线路时，先接零线，后接相线。拆除交流线路时，先拆相线，后拆零线。

③ 连接 −48V 直流线路时，先接正极，后接负极。拆除 −48V 直流线路时，先拆负极，后拆正极。

④ 下电后，拆离接线端子的电缆头必须立即用绝缘胶带捆扎并固定，不得悬吊在电气设备内或走线槽架里。无用的线缆应尽早清理，不得长期滞放。

⑤ 从走线槽道清理无用线缆时，应确认线缆两端均已完全下电并从接线端子拆除。清理线缆时，切忌强行硬性拉扯。

8.4 窄小空间的安全操作作业

在通信机房内，窄小空间的安全操作作业有以下要求。

① 在受限设备空间操作前，操作人员必须掏出随身携带的金属物品，并放置在指定的区域，不得带入操作现场。各类工具、材料、零部件及其他物品禁止放在走线架和机架上，以防造成安全隐患。

② 在交流、直流配电屏、配电箱、列头柜、交流 UPS 电池开关柜等电源设备的窄小空间内带电操作时，各类工具（螺丝刀、扳手等）应做好绝缘。

③ 在交流屏、直流屏、列头柜、开关电源柜等设备内部进行操作或电源割接时，为防止短路、触电等事故发生，应事先对相关作业区域做好绝缘遮挡、隔离和屏护。操作区域的隔离屏护如图 8-1 所示。

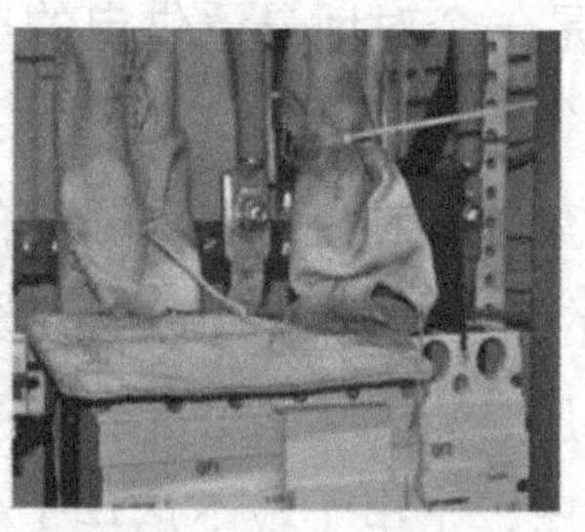

图 8-1　操作区域的隔离屏护

电源线末端应用胶带绝缘封头，电缆切割剖面处必须用绝缘胶带或护套封扎。电缆线头的绝缘绑扎如图 8-2 所示。

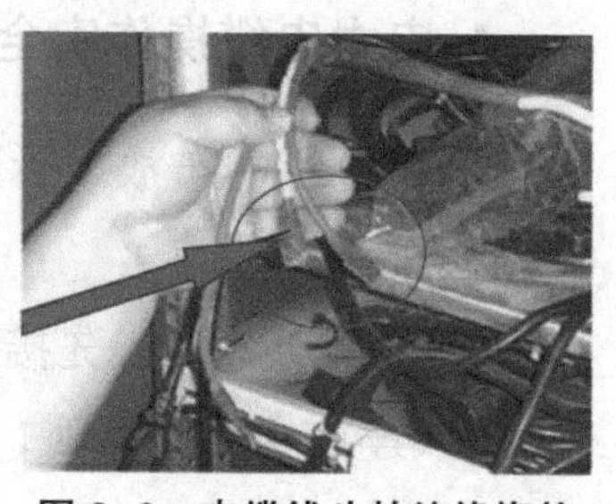

图 8-2　电缆线头的绝缘绑扎

④ 正确使用施工工具和专用工具进行操作。

⑤ 装卸熔断器时，必须使用专用的卸熔器（手柄）进行操作，可以防止用力过猛使工具打滑、脱落。专用卸熔器（手柄）如图 8-3 所示。

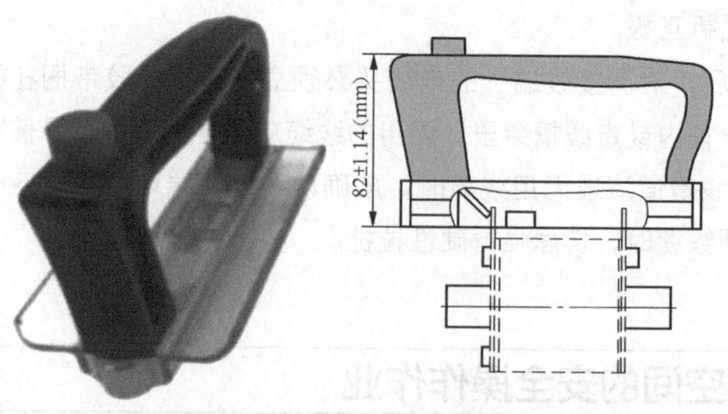

图 8-3　专用卸熔器（手柄）

⑥ 在机柜内上端布放或拆除设备、电缆时，应采取防护措施，防止螺丝

钉、垫片、铜丝、金属屑等导电材料掉落在机柜内形成安全隐患。散落的杂物应用吸尘器吸干净。

⑦ 在受限设备空间操作时，应事先研究并做好应急预案，一旦出现意外情况，操作人员应知道如何正确处置，防止问题扩散。

参考资料

[1] GB/T 13869—2017 用电安全导则 [S]. 北京：中国标准出版社，2017.

[2] 陈家斌. 电气作业安全操作 [M]. 北京：中国电力出版社，2006.

思考题

1. 电气操作安全对操作人员有哪些要求?
2. 如何编制操作票（工作票）?
3. 高压电气设备下电有什么操作要求?
4. 直流 240V 电源系统的上下电应如何按顺序进行?
5. 能否在蓄电池组放电时将电缆拆下?

第九章

电源割接技术要求

9.1 概述

电气割接又称电源割接，它与上下电是两个不同的概念。

“上电”是指对没有电的电气设备进行加电的过程。“下电”是指对正在带电运行的电气设备进行停电的过程。

“电源割接”是指对带电电气系统设备进行“下电（割）—变更—上电（接）”的过程，即要求在不中断对信息通信网络系统设备供电的前提下，对正在使用的通信用电气系统进行工程施工、更新改造、设备维护等工作。

广义上，所有对在用或准备投入使用的电气设备进行上电或下电的过程，都属于电源割接的范畴。

通信电源系统割接包括新建、改建、扩建、大中修等所涉及的新旧交流供电系统、直流供电系统、防雷接地系统等的所有割接项目。

通信电源割接涉及面广、项目复杂，且必须在保证供电不中断的前提下带电开展作业，因此其风险高、难度大，稍有疏忽就会导致重大事故发生。割接的全过程都必须确保人身安全、设备安全、供电安全。

9.2 电源系统割接的基本原则

通信电源系统的割接必须严格遵循以下基本原则。

1）确保通信网络安全的原则

通信电源系统割接工程的设计勘察、施工操作、工程验收必须要以确保通信网络安全为第一要素，任何影响通信网络安全的操作，都必须无条件终止。

2）新、旧设备完好无故障的原则

在实施通信电源系统割接工程前和实施期间，都必须保证新、旧设备完好无故障，在出现任何可能影响供电安全的故障时，必须无条件终止，待故障消除或排除后方可继续施工。

3）低业务风险的原则

① 在安全可行的前提下，采用不中断业务的割接方案。

② 应避开业务高峰时段进行工程割接，重大割接应安排在业务低峰时段进行。

③ 工程割接日期应该避开重大通信保障任务时期及其他专业安排进行的网络优化和升级、灾害性天气等特殊时间。

④ 应避开通信设备用电受到直接影响的时段进行施工，可以在非割接时段进行施工。

4）施工人员资质合格原则

实施通信电源系统割接工程的人员必须熟悉通信电源设备操作和工程施工操作，熟悉通信电源系统割接流程，熟记应急方案。严禁无证人员直接参与施工操作。

① 实施割接的施工队伍，必须具备相应工程级别资质的施工证。

② 直接操作人员必须具有相应级别的电工证，并且接受过消防防火训练。

③ 割接过程中需要进行氧割、烧焊操作的，必须具备施工证和动火证。

5）维护部门专人随工原则

维护部门在割接过程中应安排专人全程随工，协助割接工程的设计勘察、割接方案和应急方案的技术支持，监督割接的实施。

6）维护责任部门“一票否决”原则

负责割接工作的责任单位为相应的工程组织部门，维护责任部门是网络及在用设备安全管理的第一责任部门。割接方案必须通过维护责任部门的审核。在割接工程期间，维护责任部门在发现有重大的方案缺陷、重大的施工安全隐患时，有权对割接工作行使“一票否决”，有权终止割接工程继续实施。

9.3 电源系统割接的准备

① 割接方案和应急方案均由工程施工单位或部门制订。制订割接方案时，应根据割接工作所影响的范围和程度，充分评估其难度及风险，选取风险较低的

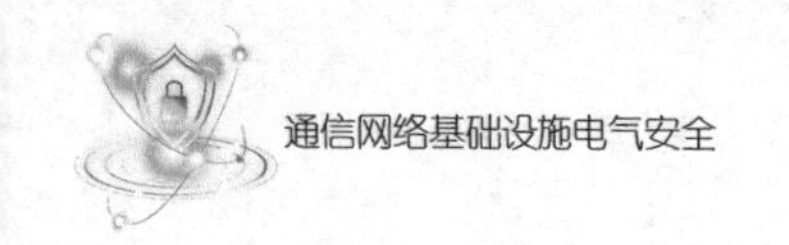

方案。

② 割接方案应明确割接指挥和各专业小组的组成和职责，通常包括割接时间、割接地点和部位、割接前应做的准备工作、割接可能影响的范围和程度、对应的应急方案、割接的重点和难点分析及应对措施、割接步骤及实施人、割接善后工作的处理等。

③ 割接方案需要经工程组织、施工、监理、维护及技术支撑等部门共同审核，重大通信电源系统割接方案还需要报上一级相关部门审批。涉及一级干线与其他重要枢纽局等可能影响全程全网业务的电源割接，必须报总部审批。

④ 根据割接设备影响的供电范围和程度，工程组织部门应会同受影响的各通信用电单位或部门共同拟订应急方案。

⑤ 在制订割接方案前，制订单位必须充分了解割接设备（例如，交直流配电系统、整流系统、不间断电源系统、蓄电池组、柴油发电机组等）的接线方式、内部排列结构、电气原理图，并掌握设备的基本操作功能。

⑥ 在制订直流或交流 UPS 系统割接方案前，必须对所要割接设备的供电方式、配电屏各分路输出容量、路由走向、使用设备受电情况等进行仔细摸排，以确定割接过程的难点、重点、节点。

⑦ 对于疑难、复杂的电源割接，有条件的单位可以在实施前组织相关人员预先演练割接步骤。

⑧ 在割接准备阶段，由工程组织部门与施工、监理、维护和技术支撑等部门进行协调，明确各方的职责和分工。

⑨ 割接工程实施前，工程组织部门应根据被割接电源设备的具体情况，填写《电源割接申请表》，由电源维护主管部门审批，并报送相关部门。工程主管单位将割接通知发送至割接相关单位，告知工程割接可能影响的供电范围和程度。接到通知的单位应在工程割接前做好相应的准备，例如，做好系统备份和数据备份、做好应急预案准备等。必要时，由客户服务部门做好用户公示和客户沟通，提前通知客户特别是重要客户。

9.4 电源系统割接的实施

① 实施割接必须持有相关部门批复的有效割接方案，并严格按照批复的割接日期和时间要求，在割接指挥、施工、监理、维护及技术支撑等各单位人员都

到位的情况下进行割接，严禁擅自施工。

② 割接人员应提前做好有关准备工作。这些准备工作包括按照工程施工规范和工程设计进行线缆校对和做好标记；检查割接所需的工具、仪器仪表、材料、相关备件、消防器材、应急照明是否齐全；是否在固定地点摆放；对所用割接工具和仪表进行详细检查、校验，在确认完好的情况下方可使用；对使用的各类熔丝或开关进行测量、校验，以确保完好。

③ 割接施工人员应在维护工人的配合下，对割接现场进行清查，对电线缆、设备外壳、工具手柄等与割接操作相关的部分进行绝缘包扎处理，以免割接操作时导致事故的发生。

④ 割接前应检查新安装设备的通电运行情况，对新旧设备的运行参数和功能进行必要的调整，确保符合割接的要求。

⑤ 割接过程中应严格执行唱票制度，唱票人必须得到操作者明确的回复方可继续下一步，必要时可进行书面唱票。

⑥ 割接过程中进行接线或接熔丝等操作前必须测量电压，拆线或拔熔丝等操作前必须测量电流。

⑦ 按照先正后负的顺序进行接线，按照先负后正的顺序进行拆线。

⑧ 交流系统割接时，禁止出现同一回路中有两套或两套以上的交流系统同时供电，防止出现交流短路事故。新、旧交流系统割接必须严格按照先拆旧电，后接新电的原则进行。

⑨ 需要使用临时线缆时，必须选择合适的线径，可靠连接，并设有明显的标识。

⑩ 进行新旧直流供电系统带电割接，或同一直流供电系统内蓄电池组更换操作时，应对电压进行必要的检查调整，尽量减小压差（控制在 0.5V 以内）。

⑪ 割接工程需要临时直流供电系统，临时供电设施必须完好且可靠接地。

⑫ 在机架上或走线架上方或附近作业时，施工人员不能携带非绝缘物品。

⑬ 在机架上或走线架上方或附近作业时，施工工具的金属裸露部分应可靠绝缘并统一用工具盒存放或由架底配合人员传递使用，禁止在走线架上随意乱放。

⑭ 在机架上或走线架上方或附近作业时，要注意保护在用光缆、电缆及其他设施。禁止在无任何防金属粉末的措施下进行锯、剪、焊、烧的动作。如果出现作业垃圾，则应及时清理。禁止在机架顶、走线架上堆积杂物。

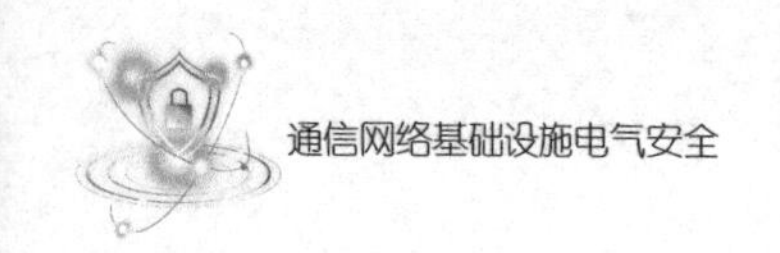

9.5 电源系统割接的善后

① 割接结束后，必须做充分的测试，检查新系统的工作情况，将新旧电缆标示清楚，在确保系统正常运转无隐患，在通知网络监控中心核实后，方可离开。

② 割接结束后，在拆卸旧交流线缆、直流线缆、地线、旧机架、旧线槽时，尽量避免影响在用设备的用电安全，裸露部分需要做好绝缘措施，任何不确认的"无电"设备和电缆，应视作"带电"处理，防止意外发生。

③ 当天工作结束时，应及时进行清理现场，不得将垃圾、金属碎片、废弃材料遗留在现场。工具、仪器仪表归位摆放，不得在机架内、机架上随意乱放物品。

④ 及时做好孔洞封堵等工作。

⑤ 完成割接报告，及时更新电源设备资料等信息，同时做好及时归档的工作。

在割接实施前后及割接实施过程中，如果发现以下异常情况，应立刻向割接现场指挥人员报告，并迅速启动应急预案进行处理。

9.6 异常情况处置

① 施工人员在操作中发现复杂、难度大、设计和割接方案未说明的情况。

② 割接步骤存在严重设计缺陷或者存在严重安全隐患。

③ 人身、设备缺乏应有的安全保护措施。

④ 不按照既定割接程序施工。

⑤ 在割接过程中如果遇到不可预见的情况，则可能对网络、设备、人身安全造成影响。

⑥ 其他重大异常情况。

参考文献

[1] 李玉昇，魏泳，郑建军 . 通信机房 UPS 主机原位不断电更换割接方案研

究 [J]. 电信工程技术与标准化，2011，24(07):36-39.

[2] 穆谦，赵泽深，刘书君，等. 通信电源设备异址替换割接方案及实施 [J]. 电信工程技术与标准化，2013，26(06)：71-73.

思考题

1. 电源割接与设备上下电有什么区别?
2. 通信电源系统的割接必须严格遵循哪些基本原则?
3. 电源系统割接前，应做哪些准备工作?
4. 如何填写一份《电源割接申请表》?
5. 为什么在割接过程中应严格执行唱票制度?
6. 在割接实施前后及割接实施过程中，出现哪些情况需要启动应急预案?

第十章

电气安全隐患排查

10.1 海恩法则

在安全工作领域，有一条著名的海恩法则，它是由德国飞机涡轮机的发明者帕布斯·海恩对多起航空事故深入研究后得出的。海恩认为，任何严重事故都是有征兆的，每起事故的征兆背后，还有300次左右的事故苗头，以及上千个事故隐患。要消除一次严重事故，就必须敏锐而及时地发现这些事故征兆和隐患，并果断采取措施加以控制或消除。

海恩法则强调以下两个方面内容。

1）事故的发生是量的积累结果

事故的发生看似偶然，其实是各种因素积累到一定程度的必然结果。任何重大事故都是有迹可循的，其发生都是经过萌芽、发展到发生的过程。

2）事故与人为因素有关

再先进的技术，再完善的规章制度，在实际操作层面，也无法取代人自身的素质和责任心。如果每起事故的隐患或苗头都能得到重视，那么每起事故都可以避免。

按照海恩法则进行分析，当一起重大事故发生后，我们在处理事故本身的同时，还要及时对同类问题的“事故征兆”和“事故苗头”进行排查处理，以此防止类似问题的重复发生，及时消除再次发生重大事故的隐患，把问题解决在萌芽状态。

“细节决定成败”，事故总是由许多的偶然疏忽刚好碰巧在一起而引发的。因此，我们一定要从小事做起，点点滴滴、时时刻刻都注意安全！

据报道，为确保卫星发射安全，几乎每个系统、每台仪器都配有应对“意外”的备份，即“故障对策”。由此可见，只有平时精心，关键时刻才能放心；只有平时周全考虑，关键时刻才能安全执行。能不能做到精心、周全，一丝不苟，说到底是事业心、责任感的问题。因此，在日常安全管理工作中，我们应当消除事故案件“难免”的消极思想，坚定“可防”的信心，以高度的责任感和积极主动的态度，把安全稳定工作抓到位。

10.2 供电安全与墨菲定律

1949 年，美国一位名叫爱德华·墨菲的空军上尉说过，有可能出错的事情，就会出错。这就是墨菲定律。在做一件事之前，我们必须考虑所有的可能性。

一句本无恶意的玩笑话最初并没有太深的含义，只是说出了坏运气带给人的无奈。或许是这世界不走运的人太多，或许是人们总会犯各种错误的缘故，这句话被迅速扩散，最后演绎成墨菲定律："如果坏事情有可能发生，不管这种可能性有多小，那么它总会发生，并引起最大可能的损失。"

墨菲定律应用于安全管理，它指出了一个客观规律：做任何一件事情，如果客观上存在一种错误的做法，或者存在发生某种事故的可能性，那么无论发生的可能性有多小，当重复去做这件事时，事故总会在某一时刻发生。也就是说，只要发生事故的可能性存在，不管可能性有多小，那这个事故迟早会发生。

墨菲定律主要包括以下 4 个方面内容。

① 任何事都没有表面看起来那么简单。

② 所有的事都会比你预计的时间长。

③ 会出错的事总会出错。

④ 如果你担心某种情况发生，那么它就更有可能发生。

墨菲定律的核心内容是"凡是可能出错的事有很大概率会出错"，是指任何一个事件，只要具有大于零的发生概率，就不能假设它不会发生。

墨菲定律是一种客观存在。它警示我们，要防微杜渐，小的隐患如果不消除，就有可能扩大影响，其造成事故的概率也会增加。对于任何事故隐患都不能有丝毫大意，不能抱有侥幸心理，或对事故苗头和隐患遮遮掩掩，应该要全力以赴想解决办法，采取措施去消除隐患，把事故消除在萌芽状态。

10.3 故障的定义和分类

1. 故障的分类

故障一般可以分为两类：重大故障和疑难故障。

1）重大故障及其特点

重大故障也可以称为事故，即造成后果非常严重的故障。

国家对生产安全事故的等级划分见表 10–1。

表 10–1　国家对生产安全事故的等级划分

事故等级	等级划分
特别重大事故	造成 30 人以上死亡，或者 100 人以上重伤（包括急性工业中毒，下同），或者 1 亿元以上直接经济损失的事故
重大事故	造成 10 人以上 30 人以下死亡，或者 50 人以上 100 人以下重伤，或者 5000 万元以上 1 亿元以下直接经济损失的事故
较大事故	造成 3 人以上 10 人以下死亡，或者 10 人以上 50 人以下重伤，或者 1000 万元以上 5000 万元以下直接经济损失的事故
一般事故	造成 3 人以下死亡，或者 10 人以下重伤，或者 1000 万元以下直接经济损失的事故

注：所称的“以上”包括本数，所称的“以下”不包括本数。

重大故障（事故）发生后，除了后果严重并明确，故障发生点和发生原因也会非常明显。

2）疑难故障及其特点

疑难故障也就是特征不太明显的故障。故障发生点隐蔽，故障现象不明显，时有时无，增加了故障定位和处理的难度，也延长了故障发生的时间。未完成处理前，可算作一种故障隐患，但一般不会立即发展成重大事故。

3）重大故障（事故）与疑难故障（隐患）的关系

重大故障（事故）和疑难故障（隐患）是相辅相成的。

重大故障（事故）发生前，也可能是疑难故障；如果不认真对待疑难故障，没有及时处置，就可能发展为重大故障。

发生事故后，往往有人会说：“这么巧，都碰到一块了。假如……，这个事就不会发生。真是祸不单行啊！”事实证明，事故往往是由许多的隐患在某个时间或空间“恰巧”地凑在一起而发生的。如果有一个隐患被人们关注到了，进行及时处置，就可能杜绝事故发生。

2. 通信电源系统设备故障的分类

当通信电源系统设备出现主要技术性能不符合要求，不检修将会影响设备甚至系统正常工作运行时，则判定为设备故障。电源系统设备主要故障类型见表 10–2。如果通信电源系统设备出现表 10–2 中的障碍，则将其判定为故障。

表 10-2 电源系统设备主要故障类型

电源系统	故障类型
高低压配电系统	动作失灵、影响设备和系统工作或安全的告警、保护性能异常
油机发电机系统	机组无法启动（三次启动不成功）或停机、出现四漏（水、油、气、电）、机组不能输出额定电流、电压和频率偏差超出规定范围、自动化机组出现自动控制功能异常等
交流 UPS 系统	影响设备和系统工作或安全的告警、保护性能异常等
直流开关电源系统	
蓄电池组	蓄电池组使用较久的电池，出现短路或者电池渗漏、变形、起火、爆炸现象

10.4 故障影响的特点

1. 信息通信网络故障影响的特点

信息通信网络主要负责信息的传递。人类社会已经不可能离开信息通信网络了，信息通信网络就像空气、水、食物一样。如果信息通信网络出现故障或事故，所带来的影响是无法直接用金钱来衡量的。所造成的损失大小并不仅是因设备损坏产生的财产价值，而且还要考虑损失带来的社会影响。信息传递的中断或停止，对社会面造成的影响和损失是排在故障等级划分第一位的。

2. 通信电源故障影响的特点

信息通信网络需要全网全程的系统配合。其他专业的系统设备如果出现故障，一般仅涉及某个专业、某个区域或某些传输路由，其影响是局部的、有限的。但通信电源属于信息通信网络的基础设施，是信息通信网络安全、可靠、畅通运行的保障。所有网络系统设备离不开电，一旦通信电源发生故障，导致供电中断甚至停电，将会造成全程、全网通信阻断，那影响的是所有的专业、所有的设备，以及全部区域、路由。因此，通信电源故障的影响面是全局性的，甚至是无限的。

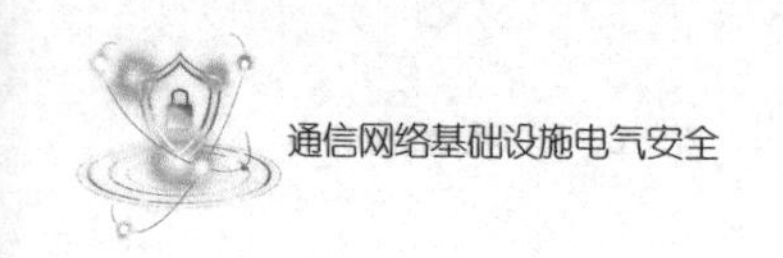

10.5 电气安全隐患分级

通信电源电气安全隐患可分级定义为 4 个级别，是依据其在供电系统中的重要程度，以及如果发生故障对整个供电保障造成的影响等因素进行的定义。通信电源电气安全隐患分级定义见表 10-3。

表 10-3 通信电源电气安全隐患分级定义

分级	定义说明	分级标准
1 级	已经或即将危及供电系统及通信安全，应尽快处理	故障频发或已出现，并影响供电系统及通信安全
2 级	可能对供电系统造成退服或运行性能下降，影响设备及通信安全，应安排时间尽快处理	与标准要求相违背，故障出现可能影响设备及通信安全
3 级	供电系统中的设备部件发生故障，可能影响设备及通信安全，但不影响系统的整体运行性能	故障出现可能影响设备及通信安全，如果不处理，则可能发展为 1 级、2 级隐患
4 级	不影响供电系统正常运行的一般隐患	故障出现不会影响系统供电，不处理问题不会升级

10.6 故障隐患排查要点

做好故障隐患的排查工作，必须坚持以下 4 个方面。

① 要充分准备，不仓促上阵。充分准备是不仅要熟知工作内容，而且要熟悉工作过程的每个细节，特别是对工作中可能发生的异常情况。例如，如果要对低压配电系统进行隐患排查，就必须先了解整个低压配电系统的电路拓扑结构、各种过流保护元部件的性能特点，以及其参数设置情况。

② 要见微知著，不掉以轻心。有些微小异常现象是故障征兆、事故苗头的反映。必须及时通过隐患排查抓住它，加以正确判断和处理，不能置之不理，留下隐患。

③ 要借前车可鉴，不孤行己见。要借鉴其他人、其他单位、其他地方曾发

生过的故障、事故来排查自身的隐患。吸取他人安全问题上的经验教训，作为自身安全工作的借鉴。排查隐患时，要把重点放在查找事故苗头、事故征兆及其原因上，并且提出切实可行的防范措施。

④ 要亡羊补牢，不一错再错。对曾经发生过故障的同类设备、同一故障位置要吸取教训，应重点排查、经常排查。绝不能对存在的安全隐患置之不理，避免重蹈覆辙。

10.7 故障隐患处理的关键点——可控性

凡是机械类、电子类的系统设备产品，都会发生故障。没有一个厂商敢说其生产的产品绝不会发生故障，也没有一个运营商敢说其运行的设备从来没有发生过故障，从不需要维护和维修。

关键在于要对故障的“可控”做到心中有数。要把故障发生的时间、地点及故障影响范围控制在可以接受的程度内，把风险控制在尽可能小的范围。不能让故障延伸扩散，甚至由此导致发生事故甚至重大事故或灾害。

如果人们在故障发生之前，及时发现故障隐患，预先防范事故征兆、事故苗头，预先采取积极有效的防范措施，那么故障苗头、故障征兆、故障本身的发生率就会被减少到最低限度，同时，安全工作水平也就提高了。由此推断，要对故障的隐患做到“可控”，防范事故的发生。

有时为了对尚不确定的故障隐患做到“可控”，可以通过诱发的方法，即错开故障可能发生的时间、空间，在不对供电保障造成影响的前提下，创造条件让故障隐患显现出来。例如，将两组以上蓄电池组逐组从电源系统中分离出来，进行蓄电池容量测试，以确定其是否有效，是判定蓄电池失效隐患行之有效的排查方法。

参考资料

[1] 师明. 重视安全技术与管理细节以防范电源事故发生 [J]. 通信电源技术，2019(36).

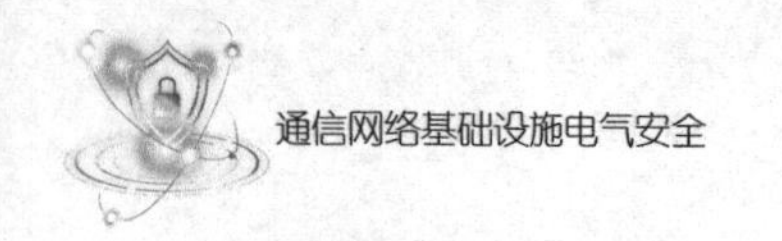

思考题

1. 信息通信网络的故障等级是如何划分的?
2. 重大故障与疑难故障如何区分?二者有什么关联?
3. 为什么说故障隐患处理的关键点是“可控”?

第十一章

电气安全检查和评估

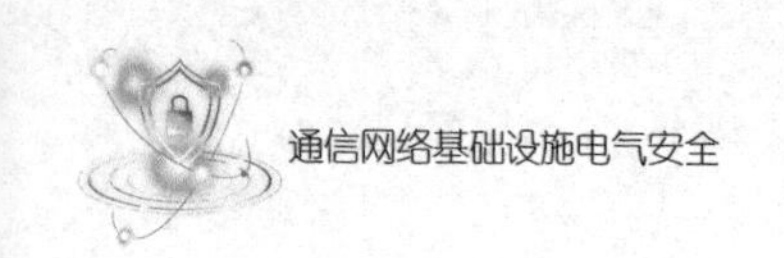

通信电源系统的电气安全性是一个动态的过程，我们对通信电源系统的电气安全分析和评估也应该是一个变动的周期性分析。因此，通信电源系统的电气安全检查与评估是一项经常性的工作，也是通信网络系统设备和通信电源系统设备电气安全的一项重要保障措施。其目的就是要了解电气安全情况，掌握电气安全状态，及时发现运行中存在的问题和故障隐患，避免故障甚至事故的发生。

通过对通信电源系统的安全检查评估，我们能够深入掌握通信电源系统运行的健康状况，及时发现通信电源系统发生危险的可能性及严重程度，消除故障隐患；同时做好电气安全预警，改善保障措施，提出必要的整改要求；建立相关专业评估档案，建立完善的安全防范制度，提高对通信电源系统运行维护工作的重视程度。另外，我们还可以更有针对性地制订应急处置预案及发生意外情况时的紧急应对措施，提高应急抢修能力。以寻求最低的事故率和最小的事故损失，保证通信电源系统的安全、可靠运行。

11.1 电气安全检查

1. 检查分类

电气安全检查有许多分类的方法，具体如下。

按检查时间：日检、周检、旬检、月检、季检、半年检、年检。

按检查类型：自检、互检、内部检查、外部检查。

按检查层次：同级互查、上级督查。

按检查方式：普查、抽查、专项检查等。

2. 检查内容

开始检查前，依据检查的要求明确和规范检查的内容，通常以检查表格的形式去确定检查要求、检查内容、检查方法或要点。柴油发动机房的电气安全检查内容见表 11–1。

表 11–1　柴油发动机房的电气安全检查内容

项目	检查内容	检查方法或要点	检查结果
机房环境	清洁、少尘，无堆放纸箱、木箱等易燃易爆物品	柴油发动机机房内不得堆放易燃、易爆物品及杂物	
	无汽柴油发动机与柴油发电机组共室存放现象；室内油箱容量	柴油发动机机房内不得存放汽油；室内油箱容量不得超过 $1m^3$	
	温度、湿度符合维护规程的相关要求	温度不低于 5℃，相对湿度不超过 85%	
	照明光线充足，照明、换气设备、开关、插座设置防爆灯具	——	
	各类线缆走线孔洞封堵严密；走线地沟内无杂物、积水，表面铺设维护走道	——	
	相关消防器材、应急照明器材配置齐全	消防器材包括灭火器、防烟罩等	
	油道、烟道走位合理，无漏油、漏气现象	油道不靠近柴油发动机发热源端，不妨碍维护操作空间，不埋藏便于检修；烟道不靠近油道、油箱，不妨碍维护操作空间，不进入天花板，便于工作人员检修	
设备运行维护情况	柴油发动机工作方式、容量满足负荷要求	根据柴油发动机的工作方式，建议近期最大负载应小于柴油发动机额定功率的 90%	
	油箱设计合理，不存在安全隐患，燃油储备充足	符合当地消防安全要求，油箱位置应远离柴油发动机发热源。最大设计容量应满足 5 小时以上不间断工作的需要，经常保持设计容量的 80% 以上	

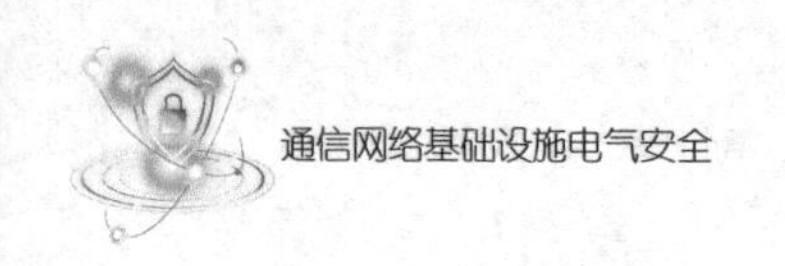

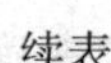

续表

项目	检查内容	检查方法或要点	检查结果
设备运行维护情况	无异常告警，各种操作按钮和状态指示正常	——	
	启动电池电压符合要求，开口电池的电解液比重和液面高度符合要求	使用的电池应该是专门为启动设计的，而不是一般的蓄电池。浮充电压通常为26.5V，电解液比重参考厂商技术说明	
	柴油发动机润滑油油量合适，油质良好	油量处于油标尺上下刻度之间；油质透明，不发黑，无杂质	
	柴油发动机冷却水水量合适，水质良好	水量：液面在上下刻度之间；水质透明，不发黄，无杂质	
	柴油发动机机壳接地牢靠，无松动	地线端子牢靠：紧固，手摇不松动	
	能正常启动柴油发动机，正常负载工作，工作过程中的各项技术指标达标，设备状态指示正常，无漏油、漏水、漏气、漏电现象	检查三相电压、电流、频率、转速、油温、水温、油压等	
	按照维护规程的要求定期进行检测、空载（带载）试机，并做详细记录	柴油发动机应至少每月空载试机一次，每半年至少加载试机一次；检查测试记录	
	柴油发动机/市电转换屏的工作状态正常，各切换开关的工作状态正常，无异常温升现象	——	
	其他安全隐患现象说明	必要时，可以另做说明	

3. 检查方法

电气安全检查时，一般可以采用直观检查（望、闻、问、切）、设备仪表面板检查、仪表测量检测、试运行等方法。

绕机检查法是一种经常应用而又简单有效的例行检查方法。例如，检查蓄电池组时，我们可以逆时针绕蓄电池组一周，在不同的位置对蓄电池组进行有意识的检查。绕机检查法如图 11–1 所示。

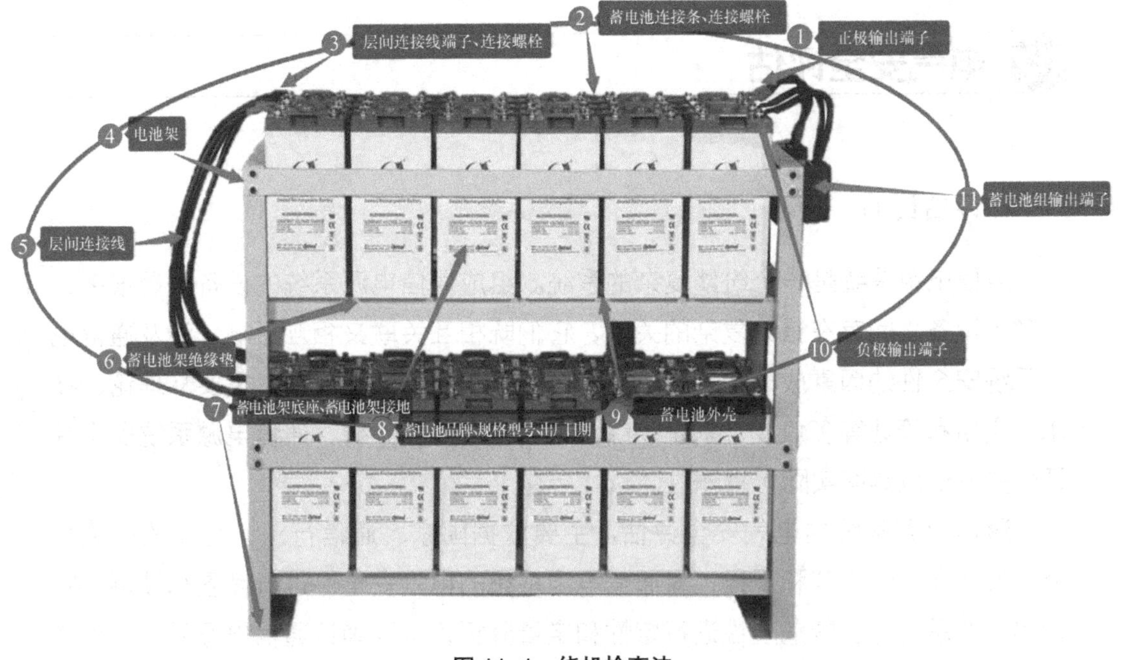

图 11–1 绕机检查法

① 正极输出端子：电缆头连接是否牢固可靠、电缆线径是否合适、连接螺栓是否紧固。

② 蓄电池连接条、连接螺栓：连接条（线）截面是否合适、连接螺栓是否紧固。

③ 层间连接线端子、连接螺栓：电缆头连接是否牢固可靠、连接螺栓是否紧固。

④ 电池架：电池架是否牢靠。

⑤ 层间连接线：电缆头连接是否牢固可靠、电缆线径是否合适。

⑥ 蓄电池架绝缘垫：蓄电池架是否设置有防漏液短路的绝缘垫。

⑦ 蓄电池架底座、蓄电池架接地：蓄电池架是否可靠固定、是否按规定接地。

⑧ 蓄电池品牌、规格型号、出厂日期：是否同品牌、同规格型号，是否同一批次。

⑨ 蓄电池外壳：是否有鼓胀、破损、漏液，安全阀是否正常。

⑩ 负极输出端子：电缆头连接是否牢固可靠、电缆线径是否合适、连接螺

栓是否紧固。

⑪ 蓄电池组输出端子：电缆头连接是否牢固可靠、电缆线径是否合适、连接螺栓是否紧固、电缆线颜色是否正确、有无电缆标签等。

11.2 电气安全评估

1. 评估目的

通信电源系统是一个纷繁复杂的系统。组成通信电源系统的设备数量很多，且各个设备之间存在错综复杂的关系，它们既相互关联又相互影响。涉及通信电源系统安全性的因素成千上万。对通信电源系统的安全性研究，需要从理论、技术、实用和管理等多角度、系统、综合地进行研究和分析，通信电源系统安全性评估的方法应具有实际可操作性。

通信电源系统的电气安全评估，主要依据国家、通信行业、企业的相关标准、技术要求、规范和规程，对通信电源系统的电气安全性进行度量和预测。对通信电源系统存在的危险性进行定性和定量分析，可以确认通信电源系统发生危险的可能性及严重程度，提出必要的整改措施，以及发生意外情况时的紧急应对措施，以寻求最低的事故率、最小的事故损失和最优的安全投资效果。

2. 评估基本要求

1）评估标准统一性

评估标准是进行评估的重要依据。开展评估前，必须依据国家的法律法规、国家标准、通信行业标准及企业标准并参考相关规范要求，明确指定评估的标准。

2）评估办法可操作性

每个评估项目都应按照规范的评估方法操作。评估办法应具备可操作性，能够在现场对已经投入运行的在用系统设备进行评估。同时，对同一评估内容、不同的评估对象，其评估方法应采用同样的评估基准，使其具有横向可比性。

3）评估过程完整性

评估过程应严格依据评估标准，按照评估方法进行，逐项落实并完成，不得缺失和有失偏颇。

4）评估数据客观性

通过现场检查、查阅资料、实物检查或抽样检查、仪表指示观测、现场试验或测试等方法获得相关的评估数据，特别是关键指标数据，应该基于客观事实，力求准确。

3. 评估内容

按照YD/T 3569—2019《通信机房供电安全评估方法》，通信电源系统电气安全评估的内容可以按照通信电源系统的划分，分为外市电引入、高压供电系统、变压器、低压供电系统、备用发电机系统、交流UPS供电系统、直流供电系统、蓄电池组、母线及电缆、防雷及接地、供电质量、机房环境和监控系统共13个类别。每一个类别又可以根据各类系统的组成、重点关注环节等情况细分为若干个评估项目。

例如，通信用后备柴油发电机系统的安全评估包括设备性能（保养及试机情况检查）、设备配置（台数配置、容量配置、蓄电池充电器及蓄电池配置）、安装相关（柴油发电机接地、通风散热系统、排气系统）、储油相关（储油设施、储油量和燃油质量）和发电机组运行条件共五大部分的主要内容。通信用后备柴油发电机系统评估内容见表11-2。

表11-2 通信用后备柴油发电机系统评估内容

评估项目	评估标准	关键指标	评估方法	隐患等级
设备性能	① 发电机组性能评估参考YD/T 3569—2019附录B中相关要求。 ② 发电机组累计运行小时数超过大修规定的时限，或参考YD/T 1970.1—2009《通信局（站）电源系统维护技术要求 第1部分：总则》中相关规定及维护规程中设备更新周期规定	使用年限故障定义	① 设备性能评估应依据设备故障定义进行。 ② 使用年限以设备投入运行时间为准	3级

续表

评估项目	评估标准	关键指标	评估方法	隐患等级
日常保养检查	发电机组应根据维护规程要求的内容，按时对发电机组进行全面的检查和保养，检查和保养周期应符合维护规程及厂商的具体要求	—	检查发电机组保养手册的记录情况是否按照维护规程的要求按时检查和保养，具体包括发电机组的水路、油路、电路，机房进排风通道情况，发电机组是否存在漏水、漏油、漏气、漏电的情况等	3级
试机情况检查	① 发电机组应根据维护规程要求进行定期的空载及带载试机。 ② 发电机组在空载及带载试机前应做好充足准备（包括全面检查和准备好应对各类紧急情况的紧急处置预案），确保供电安全	—	① 检查发电机组的维护记录情况，是否按照维护规程的要求按时进行空载及带载试机。 ② 发电机组开机前应做好全面检查，在全部日常维护检查工作完成并确保没有问题后才可以进行相关试验，同时准备好各种紧急处置预案。当发电机组运行时，应密切观察相关运行参数及机组运行状况是否正常；当出现异常时，应立即按照相关应急预案进行处置	3级
台数配置	备用发电机组的台数，应根据局（站）市电供电类别，满足GB 51194—2016《通信电源设备安装工程设计规范》中表4.5.4的相关规定	台数	依据局（站）机房类型、外市电引入的市电类别和相关规范确定机组的台数配置是否符合标准要求	2级
容量配置	① 在一类或二类市电供电方式下，发电机组的容量应能同时满足通信负荷功率、蓄电池组的充电功率、机房保证空调功率，以及其他保证负荷功率。	谐波含量	① 核定发电机组功率时，应视用电负荷的谐波特性及突加突减负载的特点确定。对有瞬变的负荷或者异步电机负荷，每台备用发电机组的容量应按大于单次加载的负荷的2倍校验。	1级

续表

评估项目	评估标准	关键指标	评估方法	隐患等级
容量配置	② 三类市电供电方式应包括部分生活用电；四类市电供电方式应包括全部生活用电	谐波含量	② 对于 UPS 设备，核定其需要发电机组保证的功率时应根据其满载时输入电流谐波含量的大小确定，当输入电流谐波含量在 5%～15% 时，其需要的发电机组的保证功率按 UPS 容量的 1.2～2 倍计算	1 级
	发电机组的容量应考虑谐波、负载特性、容性无功及海拔因素	海拔	海拔超过 1000m 的地区应根据油机品牌、型号考虑降容系数。考虑降容系数后的发电机组的输出容量应满足负荷要求	
蓄电池充电器及蓄电池配置	启动蓄电池需配置在线浮充充电整流器，充电器应能自动根据电池状态切换均充 / 浮充充电模式。充电器容量应满足蓄电池的充电要求	—	现场检查充电器的配置情况，原则上每台机组配置 1 台	3 级
	发电机组宜配置备用启动蓄电池	—	对于发电机组配置台数为 2 台及以上的宜配置备用启动蓄电池	4 级
柴油发电机接地	发电机组保护接地应可靠、牢固。其中性点是否接地应与市电油机的转换开关是否选择 4 级有关。当采用 3 级转换开关时，中性点不应接地；当采用 4 级转换开关时，中性点应接地	—	检查竣工验收资料，核实柴油发电机接地情况。根据现场条件核查柴油发电机接地系统是否符合规定要求	2 级

续表

评估项目	评估标准	关键指标	评估方法	隐患等级
通风散热系统	① 机房进出风口的进出风量应满足机组满载运行要求。如果进出风口的面积不能满足要求时，则应采用机械通风装置。 ② 进风口如果安装自动进风装置，必须同时具备手动开启功能。如果安装有卷帘，则应设置独立电源	进出风口面积	① 依据机房设计图纸核算进出风口面积，现场核查机械通风装置风量等参数，并依据发电机组的进出风量参数核算是否符合发电机组的运行要求。原则上进风口的面积不低于发电机组散热器面积的 1.6 倍，出风口的面积不宜低于发电机组散热器面积的 1.5 倍。 ② 现场核查自动进风装置开启功能及卷帘供电情况	2 级
排气系统	① 发电机组的排气管路不宜多于 2 个 90° 弯。如果超过 2 个 90° 弯或者排气管路过长，则应加大截面积满足发电机组排气背压的要求。 ② 每台发电机组宜设置独立的排烟管道。确因条件限制，多台发电机组需要共用排烟道时，应保证排烟通畅。检查排烟出口有无漏雨水现象，确保排烟管周围无可燃物	—	现场检查柴油发电机排烟管路情况，检查排烟管路的长度、转弯情况等是否符合规范要求	3 级
储油设施	① 储油间应单独设置。门、墙壁均应具备防火功能；应采用防爆灯、防爆开关；不应开设采光窗；应设置通气洞，洞口安装百叶或金属网罩，应当定时排风。	—	现场检查储油间的设置情况，检查储油间的门、窗、灯、通气、储油容器水位监测点等设施情况	2 级

续表

评估项目	评估标准	关键指标	评估方法	隐患等级
储油设施	② 储油容器应设置水位监测点，防止储油容器进水导致发电机组无法启动	—	现场检查储油间的设置情况，检查储油间的门、窗、灯、通气、储油容器水位监测点等设施情况	2级
储油量	一类、二类通信局（站）发电机组室内日用燃油箱的配置容量应符合 GB 50016—2014《建筑设计防火规范（2018年版）》中的相关规定，但其含室外油罐的总燃油量存储不宜小于 8h 燃油量；受到位置所限确实无法满足要求时，应具备随时补油管口，并不应影响柴油发电机的正常运行	储油量	① 依据竣工资料核查发电机组的总储油量，现场检查储油设施情况。 ② 依据标准核算柴油发电机满载所需油量。其中，燃油消耗量（m^3）= 燃油消耗率 × 全部主用机组总功率 ×8/0.85/1000000。燃油消耗率参考 YD/T 502—2007《通信用柴油发电机组》中表 7 相关内容或以厂商标称值为准进行计算	2级
燃油质量	发电机组所用油品应严格按照厂商的要求标准，应使用国 3 标号的 0 号柴油，处于严寒或寒冷地区使用的燃油标号应与环境温度相匹配	燃油标号	依据燃油加油记录，核对燃油标号	3级
发电机组运行条件	① 发电机组室内温度应不低于 5℃，处于严寒或寒冷地区的柴油发电机组房内无制暖设施的，发电机组应设有水套加热器。 ② 发电机组运行时的发电机组室内最高温度不应超过 50℃	—	① 检查发电机组是否配置水套加热器或制暖设备。 ② 发电机组加载运行 15 ~ 30min，检查发电机组室内最高温度不应超过 50℃	3级

参考资料

[1] YD/T 3569—2019 通信机房供电安全评估方法 [S]. 北京：人民邮电出版社，2019.

[2] 唐怀坤 . 通信电源系统可靠性评估体系 [J]. 通信电源技术，2010，27(1):57-59.

思考题

1. 如何编制高 / 低压变配电系统的电气安全检查表？
2. 按绕机检查法原理，制订对柴油发动机组进行例行检查的步骤和检查点。
3. 通信电源系统电气安全评估的目的是什么？
4. 如何开展电气安全评估工作？

第十二章

电气事故应急与事故报告

电气事故是指由电流、电磁场、雷电、静电和某些电路故障等直接或间接造成建筑设施、电气设备毁坏，人、动物伤亡，以及引起火灾和爆炸等后果的事件。电气事故按照发生灾害的形式，可以分为人身事故、设备事故、电气火灾和爆炸事故等；按发生事故时的电路状况，可以分为短路事故、掉电事故、接地事故、漏电事故等。

电气安全事故属于生产安全事故的范畴，同样应该根据国家的法律法规，做好相应的应急准备、应急处理及应急报告等工作。

12.1 应急预案

应急预案是为了保证在发生电气事故时，能够有条不紊地处理事故，用最短的时间将事故影响控制在最小的范围内，以尽量降低事故造成的人身、财产与环境损失，保障人身安全和财产安全而预先制定的处置方案。应急预案是应急准备的一项重要内容。

应急预案的编制应符合有关法律、法规、规章和标准的规定，结合自身的安全生产实际情况，针对本单位可能发生的生产安全事故的特点和危害，在对相关危险性情况的检查、分析和风险评估的基础上，有的放矢地编制。

应急预案的编制应明确以下内容。

① 应急组织和人员的职责分工明确，并有具体的落实措施。

② 有明确、具体的应急程序和处置措施，并与其应急能力相适应。

③ 有明确的应急保障措施，满足本地区、本部门、本单位的应急工作需要。

④ 应急预案基本要素齐全、完整，应急预案附件提供的信息准确。

⑤ 应急预案内容与相关应急预案相互衔接。

应急预案应该向本单位相关从业人员公布，认真组织学习和宣贯。单位应完善应急预案演习机制，增强应急处理能力，完善应急预案流程，保证应急预案的可操作性、实效性和完整性。

12.2 应急处理

在进行电气安全应急处理时，务必注意以下 4 点内容。

① 保证安全：人身安全、设备安全、网络安全。

② 保障网络畅通："先抢通，后抢修"。处理应急事故时，应突出"先抢通，后抢修"的基本原则，缩短通信供电中断时长，保障电信网络的畅通。采取各种必要手段，防止事故范围进一步扩大，防止发生电信网络系统性瘫痪和损坏。

③ 保护重点：先枢纽楼，后接入层。在处理大面积停电和掉电事故的过程中，应把保证重要局（站）供电安全放在第一位。

④ 保证等级：先高等级，后低等级。在通信电源供电恢复的过程中，优先保证电信网络骨干通信网设备的恢复，提高整个电信网络系统的恢复速度，并优先保障计费系统、机关单位、重要用户设备的恢复供电工作，尽快恢复重要设备和大客户的正常通信。

12.3 触电事故急救

触电急救应分秒必争，一经明确心跳、呼吸停止的，应立即就地用心肺复苏法进行抢救，同时及早与医疗急救中心取得联系，争取医务人员进行接替救治。在医务人员未接替救治前，不应放弃现场抢救，更不能只根据没有呼吸或脉搏的情况，擅自判定伤员死亡，放弃抢救。

1. 迅速脱离电源

1）触电急救

要帮助触电者迅速脱离电源，电流作用的时间越长，对触电者的伤害越大。

2）脱离电源

把触电者接触的那一部分带电设备的所有断路器（开关）、隔离开关（刀闸）

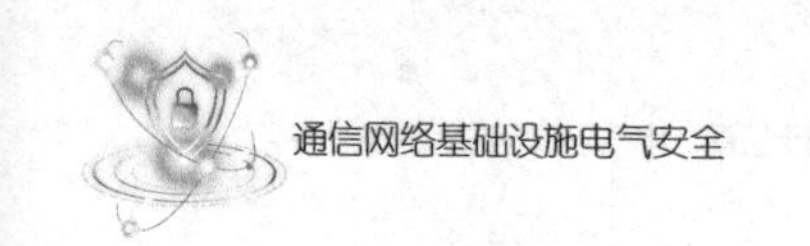

或其他断路设备断开；或设法将触电者与带电设备脱离。在脱离电源的过程中，救护人员也要注意保护自身的安全。

3）低压触电可采用下列方法使触电者脱离电源

① 如果触电地点附近有电源开关或电源插座，应立即拉开电源开关或拔出插头，断开电源。但应注意到拉线开关或墙壁开关等只控制一根线的开关，有可能因安装问题只能切断中性线而没有断开电源的相线。

② 如果触电地点附近没有电源开关或电源插座（头），则可用有绝缘柄的电工钳或有干燥木柄的斧头切断电线，断开电源。

③ 当电线搭落在触电者身上或压在身下时，可用干燥的衣服、手套、绳索、皮带、木板、木棒等绝缘物作为工具，拉开触电者或挑开电线，使触电者脱离电源。

④ 如果触电者的衣服是干燥的，又没有紧缠在身上，则可用一只手抓住他的衣服，拉离电源。但因触电者的身体是带电的，其鞋的绝缘性能可能遭到破坏，救护人员不得接触触电者的皮肤，也不能触碰他的鞋。

⑤ 如果触电发生在低压带电的架空线路上或配电台架、进户线上，对可立即切断电源的，则应迅速断开电源，救护人员迅速登杆或登至可靠地方，并做好自身防触电、防坠落安全措施，用带有绝缘胶柄的钢丝钳、绝缘物体或干燥不导电物体等工具将触电者脱离电源。

4）高压触电可采用以下方法之一使触电者脱离电源

① 立即通知有关供电单位或用户停电。

② 戴上绝缘手套，穿上绝缘靴，用相应电压等级的绝缘工具按顺序拉开电源开关或熔断器。

③ 抛掷裸金属线使线路短路接地，迫使保护装置动作，断开电源。注意在抛掷金属线之前，应先将金属线的一端固定，可靠接地，然后另一端系上重物抛掷，注意抛掷的一端不可触及触电者和其他人。另外，抛掷者抛出线后，要迅速离开，尽量距离接地的金属线 8m 以外或双腿并拢站立，防止跨步电压伤人。在抛掷短路线时，抛掷者应注意防止电弧伤人或断线危及人员安全。

5）脱离电源后救护人员应注意的事项

① 救护人不可直接用手、其他金属及潮湿的物体作为救护工具，而应使用适当的绝缘工具。救护人最好用一只手操作，防止自己触电。

② 防止触电者脱离电源后可能的摔伤，特别是当触电者在高处的情况下，应考虑防止坠落的措施。即使触电者在平地，也要注意触电者倒下的方向，注意

防摔。救护人员也应注意救护过程中自身的防坠落、摔伤措施。

③ 救护人员在救护过程中特别是在杆上或高处抢救伤者时，要注意自身和被救者与附近带电体之间的安全距离，防止再次触及带电设备。即使电气设备、线路电源已断开，对未做安全措施挂上接地线的设备也应视作有电设备。救护人员登高时应随身携带必要的绝缘工具和牢固的绳索等。

④ 如果事故发生在夜间，则应设置临时照明灯，以便于抢救，避免意外事故，但不能因此延误切除电源和进行急救的时间。

6）现场就地急救

触电者脱离电源后，现场救护人员应迅速对触电者的伤情进行判断，对症抢救。同时联系医疗急救中心的医务人员到现场接替救治。要根据触电伤员的不同情况，采用以下不同的急救方法。

① 触电者神志清醒、有意识，心脏跳动，但呼吸急促、面色苍白，或曾一度昏迷，但未失去知觉。此时不能用心肺复苏法抢救，应将触电者抬到空气新鲜、通风良好的地方躺下，使其安静休息 1～2h，让触电者慢慢恢复正常意识。天凉时，要注意保温，并随时观察触电者的呼吸、脉搏变化。

② 触电者神志不清，判断意识无，有心跳，但呼吸停止或极微弱时，应立即用仰头抬颏法，使气道开放，并进行口对口人工呼吸。此时切记不能对触电者施行心脏按压。如果此时不及时用人工呼吸法抢救，则触电者将会因缺氧过久而引起心跳停止。

③ 触电者神志丧失，判定意识无，心跳停止，但有极微弱的呼吸，应立即施行心肺复苏法抢救。不能认为尚有微弱呼吸，就做胸外按压，因为这种微弱呼吸已起不到人体需要的氧交换作用，如果不及时进行人工呼吸会发生死亡，如果能立即对其施行口对口人工呼吸法和胸外按压，就能抢救成功。

④ 当触电者心跳、呼吸停止时，应立即进行心肺复苏法抢救，不得延误或中断。

⑤ 当触电者和雷击伤者心跳、呼吸停止，并伴有其他外伤时，应先迅速进行心肺复苏急救，然后再处理外伤。

⑥ 发现高处或走线架上有人触电，要争取时间及早在高处或走线架上开始抢救。当触电者脱离电源后，应迅速将伤员扶卧在救护人的安全带上（或在适当地方躺平），然后根据伤者的意识、呼吸及颈动脉搏动情况来进行前①～⑤项不同方式的急救。在此提醒的是高处抢救触电者，迅速判断其意识和呼吸是否存在是十分重要的。如果触电者的呼吸已停止，则开放气道后立即口对口（鼻）吹气

2 次，再测试颈动脉，如果他有搏动，则每 5s 继续吹气 1 次；如果触电者的颈动脉无搏动，则可用空心拳头叩击心前区 2 次，促使心脏复跳。如果需要将伤员送至地面抢救，则应再口对口（鼻）吹气 4 次，然后立即用绳索的下放方法，迅速放至地面，并继续用心肺复苏法坚持抢救。高处触电者放下方法如图 12-1 所示。

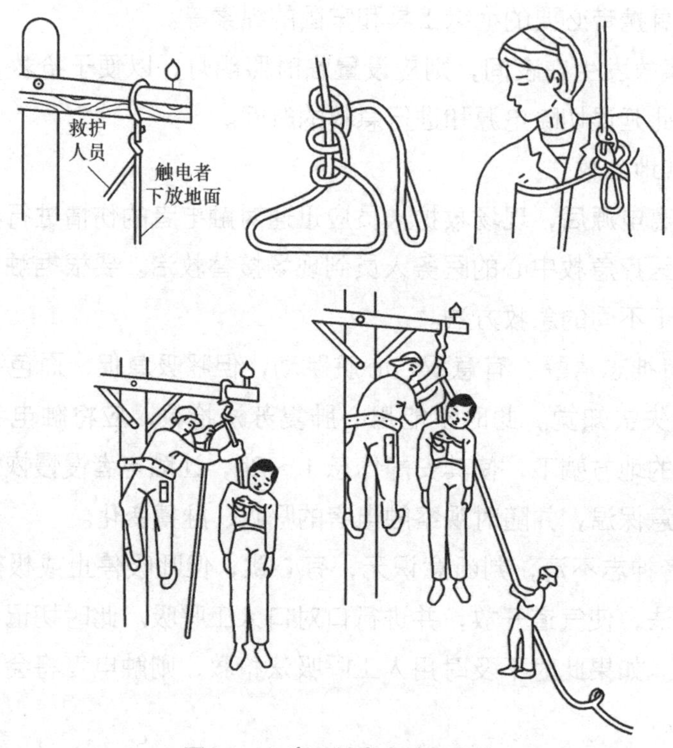

图 12-1　高处触电者放下方法

⑦ 当触电者衣服被电弧光引燃时，救援者应迅速扑灭其身上的火源，触电者切记不要跑动，可利用衣服、被子、湿毛巾等扑火，必要时可就地躺下翻滚，使火扑灭。

2. 伤员脱离电源后的处理

判断伤员有无意识的方法如下。

① 轻轻拍打伤员肩部，高声喊叫，“喂！你怎么啦？”判断伤员有无意识如图 12-2 所示。

② 如果认识伤员，则可直呼喊其姓名。如果伤员有意识，则应立即送往医院。

③ 如果伤员无反应，则立即用手指甲掐压其人中穴、合谷穴约 5s。

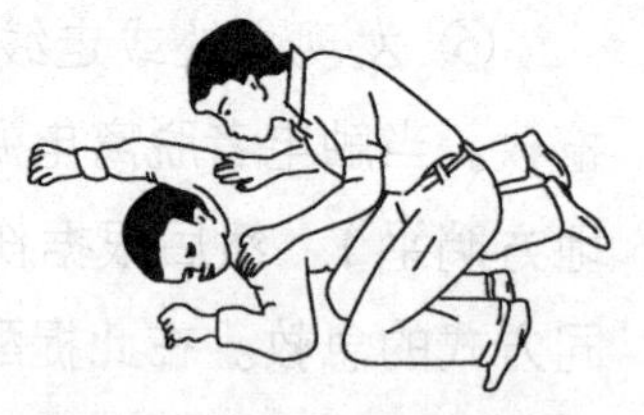

图 12-2　判断伤员有无意识

呼救：一旦初步确定伤员神志昏迷，应立即招呼周围的人前来协助抢救，哪怕周围无人，也应该大叫“来人啊！救命啊！”呼救如图 12-3 所示。

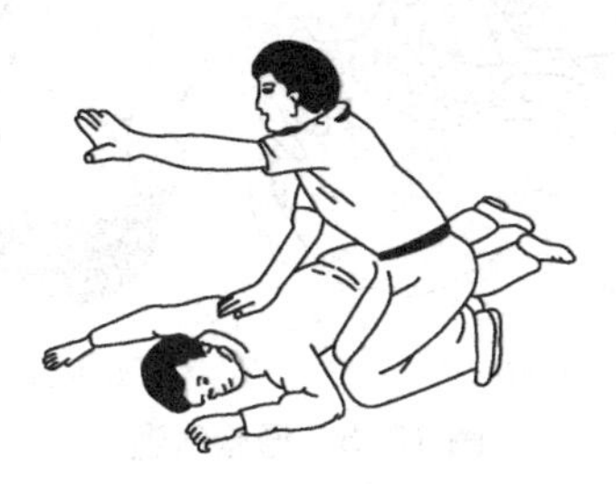

图 12-3　呼救

需要注意的是，一定要呼叫其他人来帮忙，因为一个人做心肺复苏术无法坚持较长时间，而且劳累后动作易不标准。富裕人除了可以协助做心肺复苏，还应立即打电话给救护站或呼叫受过救护训练的人前来帮忙。

3. 对伤员采取的具体施救方法

① 将伤员旋转适当体位。正确的抢救体位是：仰卧位。伤员的头、颈、躯干平卧无扭曲，双手放于两侧躯干旁。

如果伤员摔倒时面部向下，应在呼救的同时小心将其转动，使伤员全身各部成一个整体。尤其要注意保护其颈部，可以一只手托住颈部，另一只手扶着肩部，使伤员头、颈、胸平稳地直线转至仰卧，在坚实的平面上，四肢平放。放置伤员如图 12-4 所示。

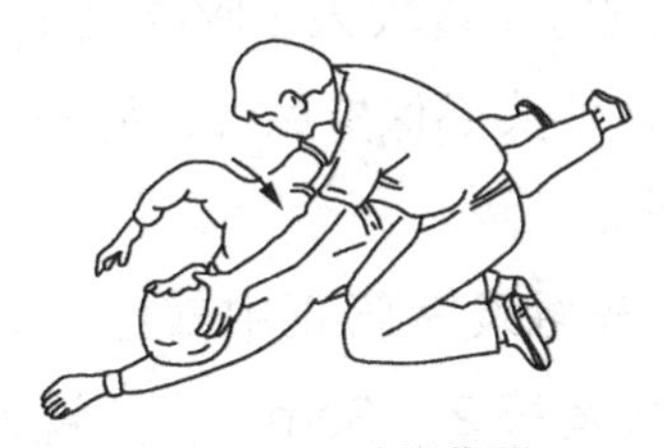

图 12-4　放置伤员

② 通畅气道。伤员呼吸微弱或停止时，应立即通畅伤员的气道以促进触电者呼吸或便于抢救。通畅气道主要采用仰头举颏（颌）法，即一手置于前额使头部后仰，另一手的食指与中指置于下颌骨近下颏或下颌角处，抬起下颏（颌）。通畅气道如图 12-5 所示。需要注意的是，严禁用枕头等物垫在伤员头下；手指不要压迫伤员颈前部、颏下软组织，以防压迫气道，颈部上抬时不要过度伸展，有假牙托者应取出。头部后仰程度应为 90°，儿童头部后仰程度应为 60°，颈椎有损伤的伤员应采用双下颌上提法。

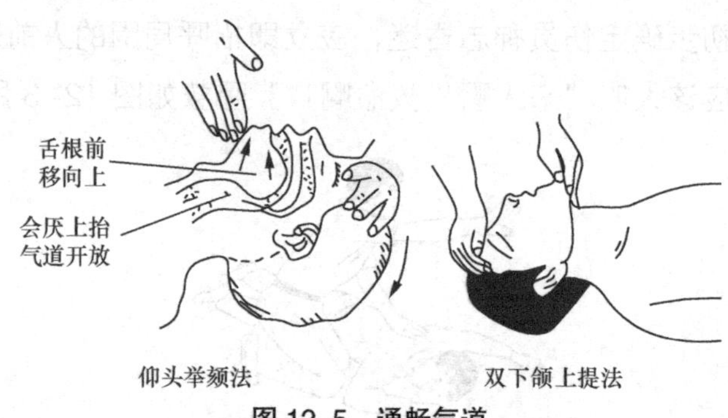

图 12-5 通畅气道

③ 判断呼吸。在通畅呼吸道之后，如果气道通畅则可以明确判断呼吸是否存在。维持开放气道位置，用耳贴近伤员口鼻，头部侧向伤员胸部，眼睛观察其胸有无起伏；面部感觉伤员呼吸道有无气体排出；或耳听呼吸道有无气流通过的声音。判断呼吸如图 12-6 所示。

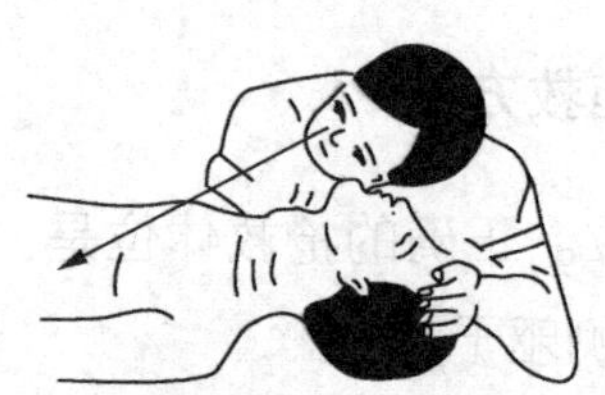

图 12-6 判断呼吸

④ 判断伤员有无脉搏。在检查伤员的意识、呼吸、气道之后，应对伤员的脉搏进行检查，以判断伤员的心脏跳动情况。具体方法如下。

· 在开放气道的位置下进行（首次人工呼吸后）。

· 一只手置于伤员前额，使头部保持后仰，另一只手在靠近抢救者一侧检查颈动脉。

· 可用食指及中指指尖先触及气管正中部位，男性可先触及其喉结，然后向两侧滑移 2 ~3cm，在气管旁软组织处轻轻检查颈动脉搏动。检查脉搏如图 12-7 所示。

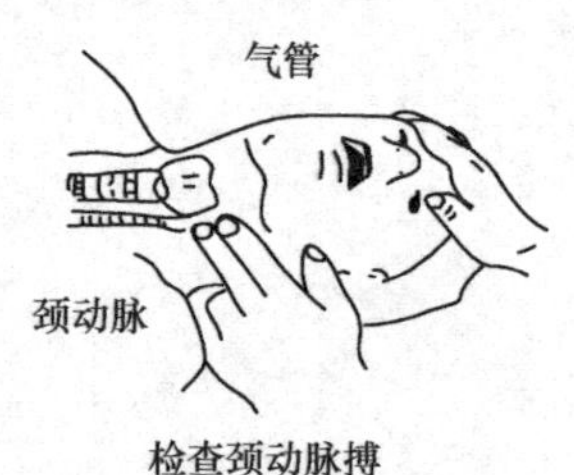

图 12-7 检查脉搏

12.4 事故报告、调查和处理

事故发生后应及时上报，方便事故的及时、正确处理。事故调查处理的目的是为了吸取教训，鉴前毖后，避免出现同样的事故，避免犯同样的错误。

1. 事故报告

事故发生后，事故现场的有关人员应当立即向上一级负责人报告。情况紧急时，事故现场有关人员可以直接越级上报。事故报告应当及时、准确、完整，任何单位和个人对事故不得迟报、漏报、谎报或者瞒报。

事故报告应包括以下内容。

① 事故发生单位的概况。

② 事故发生的时间、地点及事故现场情况。

③ 事故的简要经过。

④ 事故已经造成或者可能造成的伤亡人数（包括下落不明的人数）和初步估计的直接经济损失。

⑤ 已经采取的措施。

⑥ 其他应当报告的情况。

如果事故报告写好后出现了新情况，则应当及时补报。

事故发生后，有关单位和人员应当妥善保护好事故现场与相关证据，任何单位和个人不得破坏事故现场、毁灭相关证据。

2. 事故调查

事故调查组应进行以下工作。

① 查明事故发生的经过、原因、人员伤亡情况及直接经济损失。

② 认定事故的性质和事故责任。

③ 提出对事故责任者的处理建议。

④ 总结事故教训，提出防范和整改措施。

⑤ 提交事故调查报告。

事故调查报告应包括以下内容。

① 事故发生单位的概况。

② 事故发生经过和事故救援情况。

③ 事故造成的人员伤亡和直接经济损失。

④ 事故发生的原因和事故性质。

⑤ 事故责任的认定以及对事故责任者的处理建议。

⑥ 事故防范和整改措施。

3. 事故处理

安全事故处理的目的是要认真吸取事故教训，落实防范和整改措施，防止事故再次发生。事故处理中，必须坚持“四不放过”的原则，具体说明如下。

① 事故原因未查清不放过

在调查处理安全事故时，应当坚持实事求是、尊重科学的原则，首先要及时、准确地查清事故经过、事故损失，查明事故性质，找到导致事故发生的真正原因。不能敷衍了事，不能在尚未找到事故主要原因时轻易下结论，也不能把次要原因当成主要原因。未找到真正原因决不轻易放过，直至找到事故发生的真正原因，并搞清各因素之间的关系才算达到事故原因分析的目的。

② 责任人员未处理不放过

在安全事故进行调查处理时，事故原因查清以后必须认定事故责任，并对事故责任者依法依规问责和处罚。树立法纪法规的严肃性，责任分明、奖惩分明。

③ 整改措施未落实不放过

在安全事故进行调查处理时，必须针对事故发生的原因和本单位实际情况，以举一反三为原则，提出防止相同或类似事故发生的切实可行的预防整改措施，并督促事故发生单位付诸实施。只有采取这样的措施，才能达到事故调查和处理的最终目的。

④ 群众没有受到教育不放过

在调查处理安全事故时，不能认为事故原因分析清楚了，有关人员也处理了就已经完成任务了，还必须使事故责任者和广大群众了解事故发生的原因及所产生的危害，并深刻认识到搞好安全生产的重要性，使群众从事故中吸取教训和受到教育，在今后工作中更加重视安全工作。

思考题

1. 什么是应急预案？电气应急预案应如何编制？
2. 通信电源事故应急处理的原则有哪些？
3. 如何进行人身触电事故的急救？
4. 事故处理的目的是什么？

第十三章

事故和故障案例的分析

13.1 通信机房火灾事故案例

案例 1　某通信机楼重大火灾

1. 事故概况

某通信机楼一楼为电源机房（交流配电室和整流电池室），二楼为交换机房、传输机房和总配线架（Main Distribution Frame，MDF）机房。交换机为 NEAX61，装机容量为 40000 门，实际放号 19000 门。

2003 年 6 月，某通信机楼正在进行电源电缆更新改造工程，将下走线改为上走线，并且更换直流电源系统到二楼配电屏的电缆。6 月 14 日，某通信机楼前已经完成割接，16 日上午安排进行旧线清理。工程公司人员进行现场施工，无电业局动力维护人员随工。

直流电源负极电缆与走线架接触，导致电缆短路，引起火灾。

2. 起火原因

① 施工中没有将直流配电屏并联的 3 根电源负极电缆全部断开后再进行电缆清理。

② 直流电源为老式设计，输出电缆直接从汇流排上引出，没有安装熔丝，导致短路后无法及时断电。

③ 机房内工作地线和保护地线共用地线排，没有分别接地。

④ 走线槽内布放了一条内有门禁系统信号线的金属管线，导致出现了额外的回路短路。

3. 教训与反思

① 直流屏的负极输出端不得直接与汇流排连接，应该安装熔断器。

② 坚持电源线和信号线分槽布放；直流电缆和交流电缆分槽布放；保护地线与信号线、直流电缆分槽布放的原则。同时，有条件时，应尽量做到蓄电池组正负电缆分槽布放；杜绝电源线、信号线、保护地线同槽混放。

③ 走线槽内不允许布放外裸金属的管线。

④ 各机房间的走线架应该电气隔离，分段接地、单点接地，减少额外回路短路的可能。

⑤ 建议在蓄电池组输出端加装熔断器，以保证蓄电池到直流屏间电缆在出现短路大电流时能够及时断开。

⑥ 机房出现火灾时，相关人员要及时断电。施工单位应提前制定应急断电操作指南，明确各种交直流开关的位置、应急断电点、断电流程和方法。应急断电点应配置应急照明设施。

⑦ 联合安保、人力资源、培训、工建、运维等相关部门，在企业内推行“双证（电工证、上岗资格证）上岗”制度，无证人员不得进行带电作业。

⑧ 加强随工管理，赋予维护部门随工管理职责和施工质量考核权。明确维护职责划分，所有在用设备的工程扩容、设备更新改造等，维护部门应为第一安全责任人，行使“一票否决权”。施工单位和人员必须服从随工人员的管理。设备的断电、上电作业，应由有资质的维护人员或被授权人员进行操作。

⑨ 严格落实各种机房安全规章制度，制定和修订各种操作的明细规程和安全操作指引。

⑩ 在组织、措施和流程方面，建立应急处理机制，提高应急通信能力，尽快配备直流通信电源车等应急直流供电手段。制定各种应急预案，定期或不定期地进行各级的通信电源应急演习，提高应变能力。

⑪ 在少人或者无人值守的情况下，对突发事件的反应速度和控制突发事件后果的蔓延和扩散，实现突发事件的初期控制，是对一线员工维护管理素质的基本要求，必须加强对重要岗位员工处置突发事件技能的培训。

案例 2 采用方波输出逆变器供电，导致调制解调器（Modem）压敏电阻失效起火

1. 事故概况

2005 年 7 月 27 日，某通信分公司三楼传输机房发生了用于二级干线光缆自动监测系统的专线 Modem（型号为 ASCOM64/128A）自燃的事故。

该专线 Modem 原来在交流输入端仅有简单的板上保险丝来提供过流保护。由于终端产品分布在用户处且使用环境复杂，所以外部供电条件恶化经常引起保险丝动作熔断。考虑维护人员会频繁上门维修，同时该保险丝又在终端盒内，增加了运维的难度和成本。厂商在板内的电源保护上改进设计，采用了压敏器件和熔断器（Fuse）共同作用于过压和过流保护，并通过了持续 8ms 的 1.5kV 模拟雷击高压的测试。

2. 起火原因

该专线 Modem 自燃的原因主要有以下 5 个方面。

① 现场没有交流 UPS，采用了由 −48V 直流电源逆变的方式。所使用的逆变器为方波而非常规的正弦波输出。

② 与正常的正弦波相比，方波逆变器输出的谐波分量非常大，且含有大量的高频脉冲浪涌，加大了过压、过流保护部件的工作压力。

③ 压敏器件是一种限压型保护器件，利用压敏电阻（Voltage Dependent Resistor，VDR）的非线性特性，当瞬间过压出现在压敏电阻的两极间，压敏电阻呈低阻状态而形成对地导通回路，我们可以将电压箝位到一个相对固定的电压值，从而实现对后级电路的保护。

④ 大量、长期类似于浪涌的高频谐波所产生的过压、过流，最终极易导致 VDR 的失效，而 VDR 失效后多数为低阻导通常态。因此，直流输入端为正负极低阻性漏电短路状态并产生长时间积聚发热，最终引起自燃。

⑤ 设备内置保险丝仅是一个安全用电保护装置，将其安置在该压敏电阻之后，不会对该压敏电阻起保护作用。

3. 教训与反思

① 由于方波输出的逆变器抗干扰能力极差，所以应明确在通信网络中严禁使用方波输出的电源设备给设备供电。

② 采用压敏器件作为电气设备的防浪涌保护时，应与放电管并联使用。

案例 3　某信息大厦机房大型 UPS 系统电容爆炸起火

1. 事故概况

2010 年 7 月 26 日，某信息大厦枢纽楼副楼 7 楼发生交流 UPS 设备自燃，引发了一起火灾事故。

某信息大厦枢纽楼副楼 7 楼动力机房共有 2 套 UPS 系统，负责向 7 楼 IDC 机房供电。其中一套为某国外生产厂商的设备，也是发生本次故障的设备，

2005 年 2 月安装投产，共有 3 台 A2S3047 ST400kVA 单机加上 1 台并机柜，整个系统的容量为 800kVA 的“2+1”冗余配置，该系统配置 9 组阀控密封式铅酸蓄电池组。另外 1 套为某公司生产的 UPS 设备，2005 年 9 月安装投产，共有 3 台 5410338Y 300kVA 单机，整个系统的容量为 600kVA 的“2+1”冗余配置，该系统配置 15 组阀控密封式铅酸蓄电池组。

出事故的交流 UPS 系统主机内有直流滤波大电容 16 个、IGBT 大功率模组 6 个、IGBT 模组散热风扇 3 个、交流输出滤波大电容 30 个及一些控制电路等。从现场来看，3 号交流 UPS 主机的直流滤波大电容全部烧毁，烧毁最严重，其次是控制电路板，而 IGBT 模组、风扇及输出滤波电容均没有着火；第 1 号主机也有少量器件起火，但程度比第 3 号主机轻得多。此外，与 1 号、3 号 UPS 主机直流电容并联的蓄电池组也出现了严重的损毁，蓄电池组总电压接近为零，特别是与第 3 号主机相连的 UPS 组出现了 3 节电池单体裂开的情况。

发生事故的交流 UPS 主机的直流滤波电容的容量为 3300μF，是一款耐压 260V 的阻燃塑壳电解电容，每两个电容串联在一起接在直流正负极之间，按维护经验，电容比较安全的使用年限为 5 年（生产厂商没有提供书面规定），而这套交流 UPS 系统是 2005 年 2 月投入使用的（火灾发生时，电容使用刚刚超过 5 年，处于更换期）。大容量电解电容长时间使用后存在老化和泄漏电解液的可能性，本次发生故障的电容是以水平摆放方式安装的，一旦发生漏液，漏液就容易外流，造成正负极之间绝缘性能严重下降，导致短路。

直流滤波电容一旦发生短路，会与蓄电池组形成短路大电流通路，导致电容器、蓄电池严重发热，温度急剧升高，电容器塑料外壳因温度过高而起火燃烧。由于风扇的作用，电容燃烧火焰立即随气流扩散到周围空间，引起周边电缆材料、电路板的燃烧，还可能导致机柜上方走线架上的电缆起火。

交流 UPS 主机及电缆起火燃烧时产生的浓烟触发机房消防系统的感烟报警器发出火情报警，并在很短时间内启动机房气体灭火系统。

2. 起火点定位分析

在实际使用过程中，交流 UPS 设备的电容和 IGBT 功率器件都比较容易发生炸裂，都有可能成为起火源。在本次火灾中，IGBT 模组基本完好，无着火痕迹，由此可见，IGBT 不是起火源，其他一些控制电路板虽然被烧毁，但这些电路板一般都有过流保护装置，而且其元器件体积小，发热少，一般不会出现板件自燃导致整机烧毁的严重事故，而直流滤波电容则全部烧毁，部分电容的铝壳因高温融化成铝锭，由此可以得出结论，起火点应该是直流滤波电容。

案例 4 某枢纽楼机房 UPS 新投用蓄电池着火燃烧

蓄电池短路起火如图 13–1 所示。

图 13–1 蓄电池短路起火

1. 原因分析

① 相关人员对蓄电池做单体监控工程时，无意中遗留了一个电压信号接线卡，这个卡刚好漏在蓄电池铜负极连接条与蓄电池架之间，但没有完全接通。

② 随着时间推移和外界震动影响，接线卡自然坠落，导致蓄电池负极连接条与蓄电池架之间接通，立即产生大短路电流和火花。

③ 随着蓄电池发热加剧，蓄电池外壳开始燃烧，最终蔓延到其他蓄电池，导致一场大火发生。

2. 教训与反思

① 应加强工程施工质量及其随工监督检查，工程竣工验收及测试应仔细检查，查看是否有遗留物品、零部件，特别是导电体。

② 机房应加强甚早期烟雾告警的检测，特别是在安装有蓄电池组、交流

UPS 设备、开关电源设备等位置。

③ 电气起火必然产生大量有毒浓烟。进入现场人员必须佩戴有效的防毒面具，避免出现人员伤亡。

案例 5 某数据中心 UPS 系统电容爆炸起火

1. 影响程度

① 交流 UPS 系统和蓄电池自身设备损毁。

② 直接造成交流 UPS 系统断电，所有负载掉电。

③ 烧毁设备顶部上方走线架和电缆。

走线架电缆起火如图 13-2 所示。

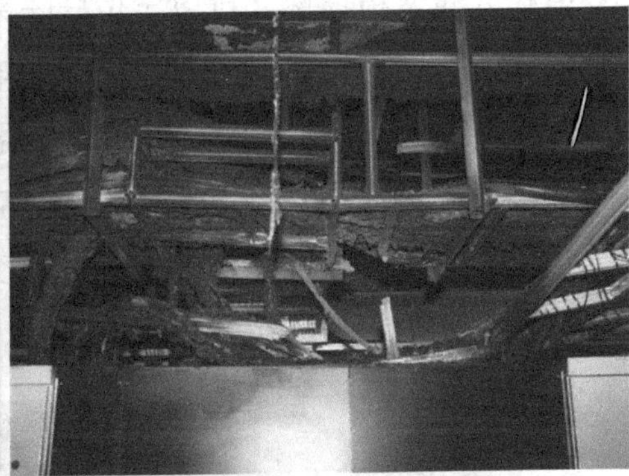

图 13-2 走线架电缆起火

2. 原因分析

主设备发生电容起火自燃，迅速烧毁设备内的各种电路器件，也造成蓄电池短路损坏。交流 UPS 设备火苗向上燃烧，走线架上大量电缆烧毁，造成更多的电缆短路，形成更大火势。

3. 教训与反思

① 交流 UPS 电容冒烟起火问题突出，一旦发生电容起火，必然伤及配电电缆和蓄电池。

② 电池组的开关（分断）柜选用什么器件最好（过流保护、操作便捷）？

③ 与本交流 UPS 无关的电缆不应该经过其上方走线架。

4. 启示

① 交流 UPS 电容寿命质量检测或预警方法亟须改进。

② 重要机房的消防设施配备可靠性是非常重要的。

③ 视频监控系统要完善。

④ 临危紧急处理预案简单易实施，处理要果断。

案例 6　200kVA UPS 系统滤波板电容冒烟

1. 事故概况

一段时间内，同一机房连续两次发生交流 UPS 的电磁兼容滤波板电容冒烟事件。

① 火灾早期预报系统（VESDA）及时消防报警。

② 现场有浓重烧焦异味，经初步观察，未见烟雾和明火现象。

③ 检查各电源系统均正常工作，无当前异常告警事件。

④ 打开交流 UPS 主机机柜进行排查，发现 UPS 主机交流输入滤波板和旁路交流输入滤波板损坏，可以定位异味来源。

从现场情况分析，由于电磁兼容性（ElectroMagnetic Compatibility，EMC）电路板的电容内部温度过高，器件内部的介质会变质，然后出现膨胀，胀破电容器的塑料封装，介质流失和高温使电容器内部极板组件失去支撑并扭曲，同时温升更加剧烈，直至塑料外壳烤焦、碳化，进而散发异味。交流 UPS 设备内的 EMC 滤波板如图 13-3 所示。

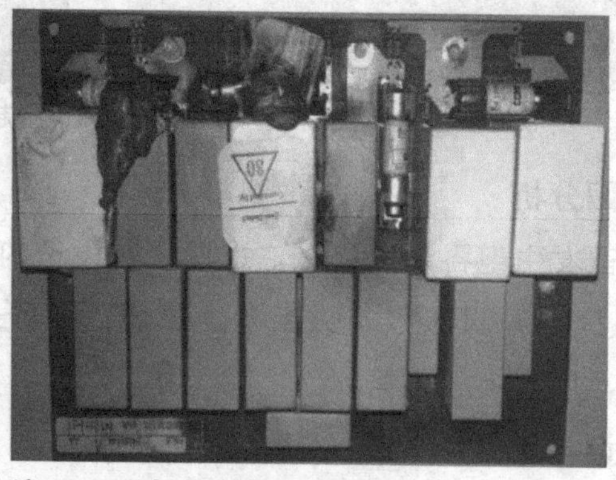

图 13-3　交流 UPS 设备内的 EMC 滤波板

2. 深度分析

随着使用时间的延长，电容器的性能逐渐降低。其具体表现为电容值减小、漏电流增大，直接的后果是电容滤波能力下降及内部功率消耗增加，功率消耗的增加会导致电容器内部发热趋于严重，当热量积累到一定程度时，即发生故障。

由于新电容器存在一定的个体性能差异，所以在后期的运行过程中，部分性能指标偏差较大的电容器，性能会下降得快一些，比起其他同等运行条件下的电容，其容量下降得更多、漏电流上升得更大、内部温升得更高，最终导致这些电容率先发生故障。

电容器工作电压和品质是影响电容器性能和寿命的重要因素，电压谐波失真度越高，电容的工作状态越恶劣，特别是电源电压中高次谐波的含量，高次谐波电压所形成的高次谐波电流，对加剧电容器内部的功率消耗更明显，更容易使电容器内部温度迅速升高，最终导致电容器损坏。

3. 预防措施

属于该机型固有缺陷，为了预防此类故障的发生，建议对 EMC 滤波板进行升级改造，并对运行一定年限的同一机型进行 EMC 滤波板预防性更换。

案例 7 某 IDC 低压无功补偿柜电容烧毁

某通信枢纽一楼低压室配置有 6 套低压系统，每套低压系统配置 2 个电容补偿柜，低压交流电容补偿柜如图 13-4 所示。每个电容柜有 6 组电容，共 12 组，每组电容标称容量为 60kVAR，每个电容前端还串联一个电抗，标称容量为 49kVAR，电抗为 1.81mH。根据需要，每组电容可依次投入。

图 13-4 低压交流电容补偿柜

烧毁的电容为 1 号系统的 1 号电容柜，烧毁的电容如图 13-5 所示。从故障现象来看，初步判断为此电容在运行中内部产生高温，产生的热量使阻燃塑料外壳熔化并暗燃，同时释放黑烟，造成周围电容及柜体熏黑，产生的黑烟也使机房的烟雾出现了消防告警。根据维护人员描述，该故障过程没有发生短路跳闸现象，设备运行正常。

图 13-5　烧毁的电容

该电容冒烟原因分析如下。

① 串联电抗的容量偏大，造成电容的工作电压偏高，电容老化衰减加快。电抗器电压见表 13-1。

表 13-1　电抗器电压

	2 号电抗器	8 号电抗器
输入电压 /V	392	386
输出电压 /V	442	445

② 因为电抗器的存在，电容的电压上升了 50～60V。

③ 电抗器产生的温度很高（80℃），造成柜内环境温度高、电容老化快。元器件表面温度热成像如图 13-6 所示。

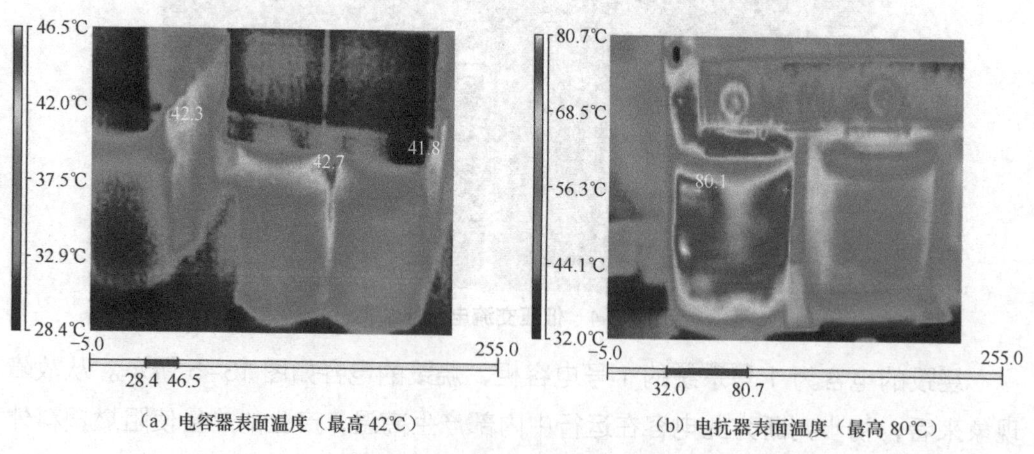

（a）电容器表面温度（最高 42℃）　（b）电抗器表面温度（最高 80℃）

图 13-6　元器件表面温度热成像

一般来说，造成电容过热的主要原因如下。

① 由于电容内部绝缘度降低，造成电容容量下降，其结果是虽然电容总电流

降低，但发热情况更严重。

② 系统谐波电流含量较大，尤其是高次谐波电流大，使电容电流过大，甚至形成谐振，从而使电容烧毁。

③ 电抗、电容补偿不当，导致电压升高，电容烧毁。

④ 电抗、电容运行的环境温度比较高。

案例 8　某地市机楼 48V 蓄电池起火燃烧

蓄电池起火燃烧如图 13-7 所示。

图 13-7　蓄电池起火燃烧

1. 原因分析

① 本次故障是由一个蓄电池对地短路引发（单体内部短路或壳体渗液短路后引发）的。

② 蓄电池着火产生的高温进一步破坏电池汇流电缆绝缘，对地短路引发自燃（在走线架上有明显短路点）。

2. 蓄电池短路起火反思

① 在蓄电池正极加装熔丝（新装及现网改造）。

② 新安装蓄电池时，采用蓄电池安装面有绝缘垫的安全型蓄电池架。

案例 9　某枢纽楼火灾

1. 事故概况

2011 年 4 月 19 日下午，某枢纽楼的一空置空调机房风管起火燃烧。

经初步调查，失火事件系相关单位的员工在使用金属切割机切割空调风管过程中，因未采取安全防范措施，将风管保温材料引燃的。

该单位一位负责人接受媒体采访时表示，发生火灾的地点在空置机房，当时正在施工，过火面积为 30m^2。

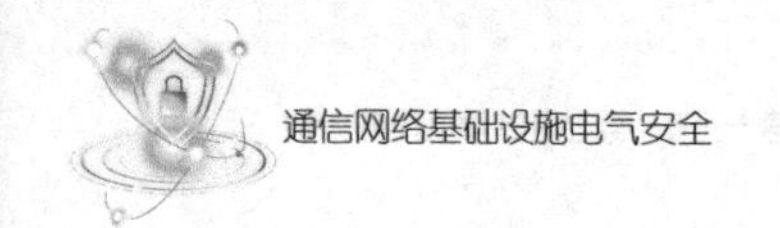

2. 教训与反思

起火原因是装修工人切割施工作业时引燃风管保温材料。

① 装修公司在施工中违反相关消防法规，消防安全责任制不落实，消防安全措施不到位，施工现场消防管理混乱，施工中大量使用易燃可燃材料，有关部门监管不力，违章施工产生明火，引起重大火灾。施工人员普遍缺乏安全消防逃生常识。

② 装修公司相关责任人对消防安全重视不够，对施工人员缺乏消防安全培训，发生火灾后没有及时报警，不会扑灭初步发生的火灾，不会逃生自救。

③ 该大楼 13 层发生火灾，增加了火灾载荷，火灾燃烧速度快，温度高，现场人员难于疏散逃生，火灾扑救难度大，耗费消防力量。

案例 10　某城市郊区 330kV 变电站爆炸起火

2016 年 6 月 18 日凌晨，某城市郊区一个 330kV 变电站发生闪爆。附近 2km 内可见火光，并伴随爆炸声，导致该城市部分区域停电。某城市郊区 330kV 变电站如图 13-8 所示。

图 13-8　某城市郊区 330kV 变电站

1. 事故概况

2016 年 6 月 18 日凌晨，某城市郊区的一个十字路口（距 330kV 变电站约 700m）电缆沟道井口发生爆炸；随即，110kV 韦曲变 #4、#5 主变及 330kV 南郊变 #3 主变相继起火；约 2 分钟后，330kV 南郊变 #6 回出线相继跳闸。

2. 事故损失及影响

1）负荷损失

事故造成 330kV 南郊变、110kV 韦曲变、尧柏变（用户变）等 8 座 110kV 变电站失压，共计损失负荷 24.3 万千瓦，占当地城市总负荷的 7.34%；停电用户 8.65 万户，占当地城市总用户数的 4.32%。

2）设备损失

① 330kV 南郊变：#1、#2 变喷油；#3 变烧损；#3 变 330kV 避雷器损坏；#3 变 35kV 开关 C 相触头烧损；35kV 母线烧毁；110kV Ⅰ母管型母线受故障影响断裂，1104 开关与刀闸两相引线断裂、1135 南山Ⅰ间隔Ⅱ母刀闸与开关连接引线三相断裂，南山Ⅰ间隔Ⅰ母刀闸 B 相瓷瓶断裂，其余两相有不同程度损伤。被烧毁的变压器如图 13-9 所示。

图 13-9 被烧毁的变压器

② 110kV 韦曲变：#4、#5 变烧损；35kV Ⅱ母 YH 及刀闸、韦里Ⅱ、韦里Ⅲ开关及刀闸受损。

③ 10kV 配网：10kV 县城线 #1 电缆分支箱受损。

3）社会影响

某城市郊区被烧毁的变压器附近的电缆井盖和相邻的通信井盖受爆炸气浪冲

开，造成邻近商铺约 6 平方米门窗受损，附近 5 台车辆不同程度受损。

4）事故原因分析

（1）故障发展时序

通过调阅南郊变线路对侧相关变电站保护动作信息及故障录波数据，判定本次事故的发展时序为：18 日 0 时 25 分 10 秒，韦曲变 35kV 韦里Ⅲ线发生故障；27 秒后，故障发展至 110kV 系统；132 秒后，故障继续发展至南郊变 330kV 系统；0 时 27 分 25 秒故障切除，持续时间共计 2 分 15 秒。

（2）电缆沟闪爆

故障电缆沟道的型号为 1m×0.8m 砖混结构，内敷 9 条电缆，其中 35kV 电缆 3 条，分别为韦里Ⅰ、韦里Ⅱ和韦里Ⅲ（韦里Ⅱ、韦里 III 为用户资产），10kV 电缆 6 条（均为用户资产）。事故后，排查发现 110kV 韦曲变 35kV 韦里Ⅲ间隔烧损严重，其敷设沟道在路面沉降，柏油层损毁，沟道内壁断裂严重，有明显着火痕迹。开挖后确认韦里Ⅲ电缆中间头爆裂，爆裂的电缆中间头位于十字路口以西约 100m。综上判定，韦里Ⅲ电缆中间头爆炸为故障起始点，同时沟道内存在可燃气体，引发闪爆。该故障电缆型号为 ZRYJV22-35kV-3×240，该项目于 2009 年投运。

（3）直流系统失压分析

事发前，现场正在组织实施综自、直流系统改造工程。改造更换后的两组新蓄电池未与直流母线导通，未导通的原因为该两组蓄电池至两段母线之间的刀闸在断开位置（该刀闸原用于均 / 浮充方式转换，改造过渡期用于新蓄电池连接直流母线），充电屏失去交流电源后，造成直流母线失压。同样因为蓄电池和直流母线未导通，所以监控系统未能报警。

综上所述，事故起因是 35kV 韦里Ⅲ电缆中间头爆炸，同时，电缆沟道内存在可燃气体，发生闪爆。事故主要原因是 330kV 南郊变 #1、#2、#0 站用变因低压脱扣全部失电，蓄电池未正常连接在直流母线，全站保护及控制回路失去直流电源，造成故障越级。

案例 11　某通信枢纽电缆槽起火

1. 事故概况

2018 年 11 月 24 日晚，某通信网络发生集中断网事件，手机、数据网络、宽带无一幸免。

事故导致 807 个基站、150 个接入网退服，共有 4.2 万户固定电话用户、

5970户移动网用户、2万宽带用户、83个传输专线用户的通信业务受到影响。11月26日8时，移动网业务确保恢复；28日13时50分左右，接入用户全部恢复正常使用。

2. 事故经过

2018年11月25日0时20分左右，机房值班人员听到设备告警，闻到烟味，发现二楼互联网机房有浓烟，立即通知消防部门，同时切断大楼所有交、直流电源，并向省、市公司相关领导报告。0时40分左右，消防人员抵达现场，及时采取灭火措施，4时左右扑灭火。

3. 事故原因

经消防部门判定，火灾非人为纵火，起火部位为2楼管线竖井内。经火灾研究院对燃烧电缆样品鉴定，火灾原因为“熔痕中有一次短路熔痕（先短路，后火烧）”，分析短路的原因可能是竖井电缆老化而短路。

案例12 OVH Cloud火灾事故

1. 事故概况

总部位于法国鲁贝的OVH Cloud公司（前身为OVH），是欧洲最大的托管服务提供商，也是世界第三大托管服务提供商，在全球拥有27个数据中心。OVH位于法国斯特拉斯堡的数据中心园区，园区内有SBG1、SBG2、SBG3和SBG4共4栋数据中心建筑。2021年3月10日凌晨，一场大火烧毁了SBG2数据中心，导致其托管的许多网站中某些数据永久丢失。

2. 事故原因分析

事故发生后，OVH Cloud没有披露火灾的真正原因，但业内人士根据一些迹象进行了分析。

① SBG2的火灾发生于凌晨，火灾探测器和报警器均监测到了火灾。浓烟阻碍了运营人员进行有效干预。火势在数分钟内迅速蔓延，进而摧毁了整栋数据中心。消防人员利用热感摄像机确认2台交流UPS设备是火灾的核心，而其中1台在当天早上进行了维护。这表明，设备维护可能是导致火灾发生的主要原因。

② SBG2始建于2011年，采用了基于“自然通风”对流冷却型式的塔设计。冷空气流经冷却系统（直接液冷）热交换器，升温后的热空气流经设置在建筑中心的塔进行上升排放。OVH Cloud宣称，这是一种环保、节能设计。但当火灾发生后，人们更担心这种设计更像是一个烟囱。万一发生火灾，这种允许外部空气进入的风口需立刻被关闭（附近建造较新的、采用改进设计方案的SBG3数据中心遭受的损失较少）。

3. 事故报告

在斯特拉斯堡 OVH Cloud 数据中心火灾发生 1 年后，业内人士普遍关心的火灾事故原因调查报告终于出炉。当地消防局发布了 1 份报告，严厉批评了这家法国运营商的设施。

下莱茵省消防部门表示，SBG2 数据中心没有自动灭火系统，也没有总电气切断开关。该设施还有一个木制吊顶，其耐火时间等级仅为 1 小时，并且还有一种自然冷却设计，成为增强火势的“烟囱”。

火灾发生于 00:40，当地公用事业公司——“斯特拉斯堡电气”于 01:20 抵达现场，但据其报道，在切断电源时遇到了困难。长达 3 小时无法切断现场供电，直到 03:28，仍有电流流入电力系统的逆变器。这表明一些 OVH 客户发现他们的服务器在火灾发生后仍然在继续运行。

案例 13　某城市的家居城商场直流光储充一体化电站起火

2021 年 4 月 16 日 11 时 50 分，某公司的光储充一体化电站发生火灾爆炸。

1. 事故概况

2021 年 4 月 16 日 11 时 50 分，某公司的员工到南楼查看控制室装修施工进度时，发现南楼西电池间南侧电池柜起火冒烟，随即使用现场灭火器处置，电话通知设备生产商的负责人。

12 时 13 分许，设备生产商的负责人赶到现场并从南楼、北楼拿取灭火器参与灭火，因明火被扑灭后不断复燃，后来北楼储能室切断交流侧与储能系统的连接并停用光伏系统。12 时 17 分许，设备生产商的负责人拨打电话报警。12 时 20 分许，刘某进入北楼告知家居城商场的值班电工罗某断开 6kV 配电柜与储能设备之间的开关。

13 时 40 分许，家居城商场的电工到达北楼值班室，与同事到 6kV 配电室确认配电柜与储能设备之间的开关已断开。其间，大量烟雾从南楼内冒出，并不时伴有爆燃。13 时 45 分许，电工到院内查看，发现设备生产商的负责人与消防员在向室外地下电缆沟内注水，随即进入北楼 6kV 配电室查看，发现电缆管沟内充满白烟，未见积水，闻到刺激性气味。14 时 13 分左右，北楼发生爆炸。

2. 应急救援情况

事发城市的消防救援总队 119 作战指挥中心接到报警后，先后调派 47 辆消防车、235 名指战员到场处置。各级公安机关和应急管理、电力、环卫、生态环境、卫生健康等部门到场协同处置。

12 时 24 分，消防救援人员到达现场，发现南楼西电池间的电池着火，并不时伴有爆炸声，东电池间未发现明火，现场无被困人员，随即开展灭火救援，并在外围部署水枪阵地，防止火势蔓延。

14 时 13 分左右，北楼发生爆炸：23 时 40 分，明火被彻底扑灭，并持续对现场冷却 40 小时。4 月 18 日 16 时 21 分，现场清理完毕。

3. 事故直接原因

调查组根据消防救援机构现场勘验、检测鉴定、实验分析、仿真模拟和专家论证情况，综合分析发生事故的直接原因为以下两个方面。

① 南楼起火直接原因是西电池间内的磷酸铁锂电池发生短路故障，引发电池热失控起火。

② 北楼爆炸的直接原因是南楼电池间内的单体磷酸铁锂电池发生短路故障，引发电池及电池模组热失控扩散起火，事故产生的易燃易爆组分通过电缆沟进入北楼储能室并扩散，与空气混合形成爆炸性气体，遇电气火花发生爆炸。

13.2 信息通信网络供电中断事故案例

案例 1　电源割接操作不当造成设备断电

某机楼原传输、数据、交换共用一套爱立信相控高阻配电电源，2002 年 5 月，机楼新建 1 套传输设备专用电源，包括 1 套 -48V 电源、1 套 24V 电源及相应的蓄电池组。按割接方案的安排，需要在 6 月 25 ～27 日对本地网的第 3 列和第 4 列设备进行电源割接。割接的设备包括有本地网 SDH、本机楼至各接入点及移动基站的 PDH 设备等，全部为本地网传输设备。

6 月 27 日的割接过程中，出现部分长途中继设备中断事故。

1. 事故概况

6 月 27 日 00:00 开始，在该机楼 4 楼传输机房按割接方案逐步对设备电源进行割接。

02:00，已完成对全部的本地网传输系统等设备的割接工作。在第 3 列割接中，割接人员需要剪断旧电源线接到新的电源列柜。在完成割接后，考虑到 3 楼电力室配电屏的旧电源线仍然带电，为安全起见，需要在电力室将旧电源线拆除抽出，现场高阻配电屏示意如图 13-10 所示。

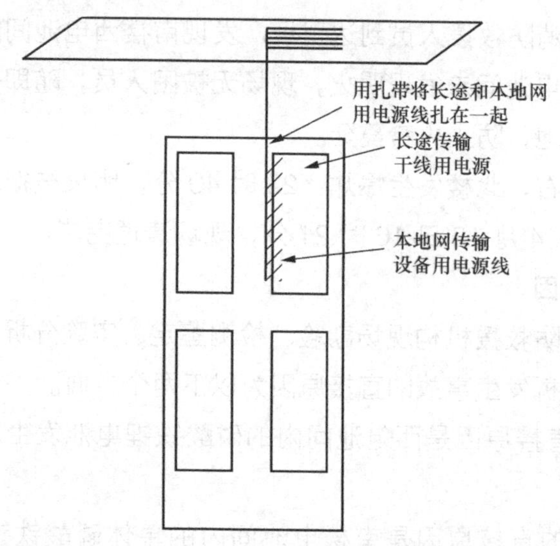

图 13-10 现场高阻配电屏示意

2:30，在拆除旧线时，引起部分长途传输干线中断。

接到某市上报的故障，某方向 SDH 等系统中断，同时传输机房人员发现该方向 SDH I、II、III 系统中继器、多方向 DWDM 中继器设备告警灯闪烁，立即组织人员进行检查并修复。

2:45，各方向 DWDM 设备相继告警灯熄灭，部分 SDH 系统中继器告警消除，询问某市，上述系统已恢复。

2:50，所有 SDH 系统告警消除，恢复正常。

在设备恢复正常后，该局的传输人员与动力人员立即检查配电屏，初步确认是长途用传输的电源端子掉电造成传输机房长途设备机列断电。

2. 事故原因

长途传输用电源线路和割接的本地网传输设备用电源线在高阻配电屏内用扎带扎紧，由于光线原因，割接人员没有及时发现该问题。高阻配电屏只适用与某公司专用小线径电源线对接，其他大线径的电源线非常容易出现松动，螺母拧紧后也较容易返松，且接触面小。在长期使用后，长途传输设备用电源线已经出现松动，割接施工人员在拆旧线的过程中，只有一人操作，没有及时发现该现象，在拆除旧电源线的过程中，牵扯到长途电源线，造成设备瞬时断电。

案例 2 单路输出开关过载导致大面积停电

1. 事故概况

某大型 IDC 机房当天客户共新增了 46 台服务器。客户在即将启动第 43 台服务器时，A 路 400A 总输出开关跳闸，连接在 A 路的 8 列网络机架共 2000 台服务器断电。

IDC 机房机架设计为两路（A 路、B 路）电源输入，分别由单套 UPS 系统的两个输出主开关（400A 断路器）经电源配电柜的 160A 断路器及 IDC 机房内电源列柜 100A 断路器等逐级引入。

交流 UPS 输出配电示意如图 13-11 所示。

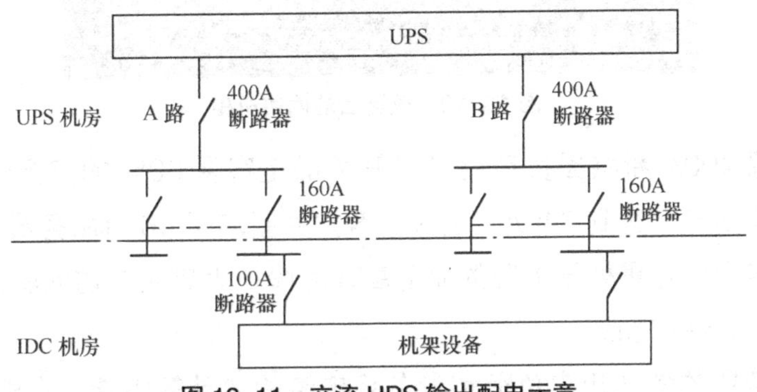

图 13-11 交流 UPS 输出配电示意

其中，400A 断路器型号为 NS400N，160A 断路器型号为 NS160，100A 断路器型号为 NSD100。400A 断路器现场整定设置如下。

对保护整定的基准参考电流 $I_o = 1$

过载长时延脱扣电流整定值 $I_r = 0.98$

短路短时延脱扣电流整定值 $I_{sd} = 6$

根据此整定设置，主开关设定的最大工作电流为 400×0.98×1 = 392A。当过流时，开关将出现时延（时延一般在 200s 以内），进入跳闸保护。

需要说明的是，160A 和 100A 断路器无整定设置。

2. 事故原因分析

现场勘查和检查表明，各路断路器的配电连接与 400A 断路器的整定设置符合要求，未发现异常。

按照设计的使用要求，客户在给服务器上电时按均衡接入 A 路、B 路两路电源，可以满足所有负载要求。但因所用的网络机柜为早期单路供电产品，为适应双路用电进行了改造，改造后的网络机柜如图 13-12 所示。其中，新增加的 B 路电源接线柱安装在网络机架的顶部，不便于用户接电，造成用户一直以来将大量服务器集中接在 A 路电源的 PDU 上。同时，发生故障的 8 列网络机架的 A 路电源全部集中连接在同一个 400A 断路器上，导致 A 路、B 两路电源负载极不均衡。

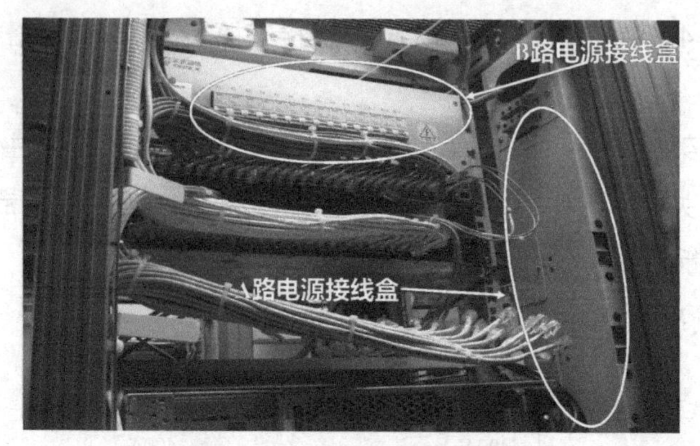

图 13-12　改造后的网络机柜

A 路电源 400A 断路器负荷超过了开关额定容量 80% 的安全保障范围，其中，有一相输出电流达到 340A。当天，客户共新增了 46 台服务器。

当时，客户业务量处于上升的业务高峰时段，大量用户访问服务器会引起设备用电量呈波动性增加。

新增服务器的增加用电负荷和设备用电量的波动等因素，在即将启动第 43 台服务器时，A 路电源输出总开关 400A 断路器发生异常，导致跳闸。

3. 教训与反思

① 设备加电的时候应注意负载均衡性，包括 A 路、B 路及由交流 UPS 输出三相平衡。

② 注意开关整定值的合理性，保证开关在安全保障范围内使用。

③ 机柜设计应更科学合理。

④ 加强 IDC 机房的运维管理。

案例 3　某 IDC UPS 系统输出供电中断

某地 IDC 灾难备份中心机房低压配电屏的交流 UPS 输入断路器跳闸，在蓄电池完成放电后，交流 UPS 设备输出断电。机房内所有由交流 UPS 系统供电的设备全部断电。

1. 事故概况

机房值守人员接到故障申告：连续发现网络机架内设备掉电，导致网络服务中断。

2. 处理情况

维护人员到达现场检查，发现交流 UPS 系统输入端的低压配电断路器已跳闸；蓄电池组放电终止后，交流 UPS 设备已停机。

维护人员尝试闭合该断路器时，出现反复的保护性跳闸现象，换上备用断路器后，该现象依然存在。维护人员在排除断路器本身的问题后，调整了断路器的整定值，断路器合闸成功。

现场重启交流 UPS 设备时，系统提示设备存在严重故障，无法启动。经厂商服务人员到达现场输入密码后，交流 UPS 设备成功启动，并陆续恢复供电。

3. 故障分析

① 交流 UPS 系统输入端的低压配电断路器整定不当。

交流 UPS 系统输入电流为 630A，低压配电侧选用 630A 的 ABB 断路器输出，但交流 UPS 系统投入使用初期，负荷较小，实际使用的负载电流约为 150A。为了保证断路器的作用，断路器的短路保护电流被整定为 252A。

事故发生时，实际负载电流为 270A。维护方无法掌握断路器的整定情况，也没有根据交流 UPS 系统供电负荷变化情况及时调整整定设置。

交流 UPS 设备的主输入与旁路输入同源示意如图 13–13 所示。

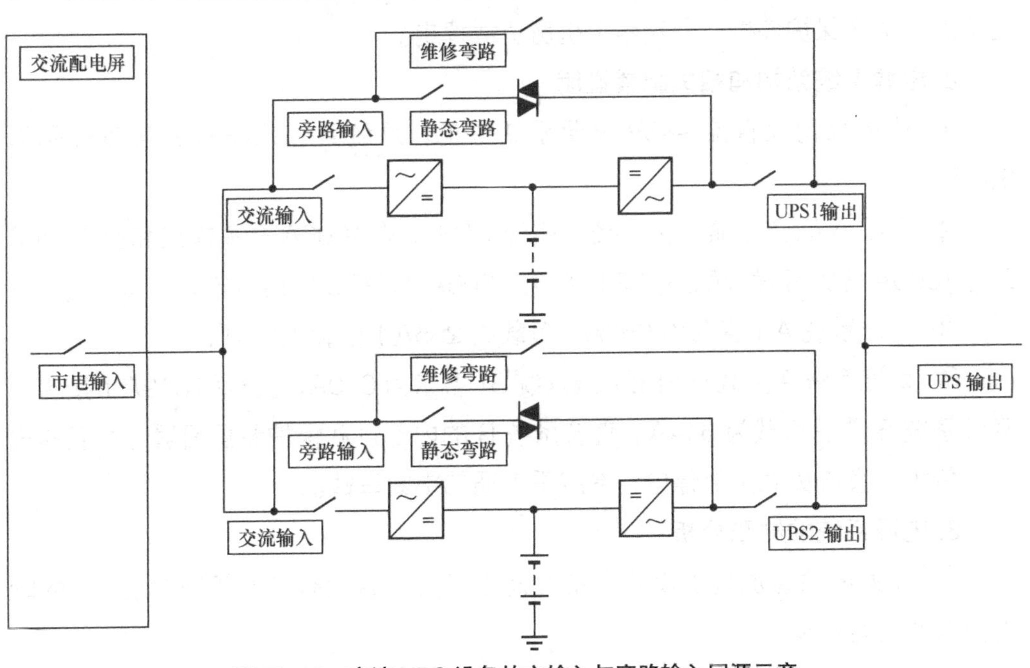

图 13–13　交流 UPS 设备的主输入与旁路输入同源示意

② 虽然是两路交流市电输入，但交流 UPS 设备的主输入与旁路输入均在同一低压配电输出断路器，致使断路器跳闸后，两路交流同时失电。

③ 现场监控维护人员脱岗，未及时发现动力监控终端上的告警信息。而集中监控因工程建设未竣工而未能发挥正常作用，致使低压断路器跳闸时没有能够及时告警，直至负载设备掉电，用户申告后，工程方才察觉异常。

④ 交流UPS系统输入中断，引发电池组一直放电逆变给负载供电，但交流UPS系统输入持续中断，直至蓄电池组容量终止仍然没能检测到正常的交流输入，失去了蓄电池组的不间断后备保障的意义。

⑤ 交流UPS系统蓄电池组放电终止而宕机，被判定为严重故障停机，内部整流装置和逆变装置锁死，需要厂商服务人员现场检查确认，并输入维护密码才能重启设备，导致现场维护人员无法及时重新启动交流UPS系统，延长了恢复时间，增加了故障历时。

案例4　某运营商境外通信机房直流电源断电事故

1. 事故概况

通信机房有2套开关电源以2*N*方式为负载供电，开关电源本身不带蓄电池，而是由上级交流UPS系统做后备保障。

当1套交流UPS输出开关因故跳闸时，另外1套交流UPS所带开关电源出现瞬时过载而保护停机，导致整个机房负载掉电。

2. 电源系统结构和相关配置说明

① 机房采用双直流-48V电源系统供电，系统A和系统B的容量分别为650A。

② 系统A的交流输入由5楼的交流UPS 1的1000A开关输出和交流UPS 2的1000A开关经过分配后在31楼通过300A的MTS切换引电。

③ 直流系统A（容量为650A，负载约295A）的输入断电。

④ 直流系统A负载立刻由直流系统B（容量为650A，负载约319A）接管，直流系统B的总负载为614A。直流系统B的内部过载保护装置因瞬时过载冲击动作停机，直流负载全部停电，造成重大通信中断事故。

3. 电源系统的缺陷分析

① 开关电源直流输出没有后备电池（开关电源没有电池管理功能），耐瞬时过载冲击能量弱。

② 直流系统A、B容量为650A，额定带载限量不是容量，直流系统的额定带载限量一般不超过容量的80%。

③ 直流系统没有监控，不能过负载预警。

④ 直流系统的2路输入需手动切换，效率不高。

⑤ 交流UPS-1输出在5楼的A9开关存在质量问题，控制模块易出现故障。

⑥ 电源回路有多个单点故障点。

4. 掉电的原因分析

① 系统设计可靠性不高。

② 开关电源系统前端回路存在多个单点故障点。

③ 开关电源系统配置不合理。

④ 输出端未配置蓄电池。

⑤ 开关电源配置容量不足。

⑥ 系统无负载监控告警功能。

案例 5　高低压配电系统掉电案例

1. 事故概况

2012 年 8 月 8 日晚，受强台风影响，某枢纽楼主机楼动力值班室接到供电局调度室打来的电话，枢纽楼中的 10kV 供电线路可能存在放电现象，要求将高压线卸载，以便供电局进行停电检测。为配合供电局停电检修，值守人员在切换操作过程中，由于各种综合因素，造成主机楼交流供电中断，10 楼和 11 楼共 2 套交流 UPS 系统和 1 套开关电源系统分别因电池放电至低电压后退出服务，造成重大通信阻断。

2. 故障及处理过程

因受台风影响，出现大面积市电故障，枢纽楼 10kV 市电需临时应急停电检修，供电局要求通信机房立即进行相应切换操作。

值班人员先分断低压侧开关，然后分断高压侧开关。

因值班人员为其他专业转岗人员，倒电操作不熟练，导致倒电用时近 10 分钟。

一路高压带的 2 号、3 号变压器停电未送电，其下的部分负荷因二级交流屏具有 2 路市电自动转换功能（例如，开关电源交流屏等），所以自动将电源切换到另一路市电高压，该线带的 1 号变压器供电，造成 1 号变压器低压侧开关过载跳闸。此时，所有交流电源中断，交流 UPS 及开关电源进入蓄电池放电状态。

因 1# 变压器开关过载跳闸后，值班人员忙于高压切换操作未发现该重大问题，在 2#、3# 变压器恢复供电后，其 1# 变压器的部分负荷又转移到 2#、3# 变压器供电，加之蓄电池充电及空调全载运行，引起高压母联开关超载跳闸，造成 1#、2#、3# 变压器再次失电。随后，值班人员再次尝试进行高压母联合闸操作，但 2 分钟后，高压母联开关再次跳闸。分析原因如下：因实际负荷过大，超过高压开关允许的最大电流 [270A（10kV）]。此时，值班人员电话汇报班长，请求应急支援。

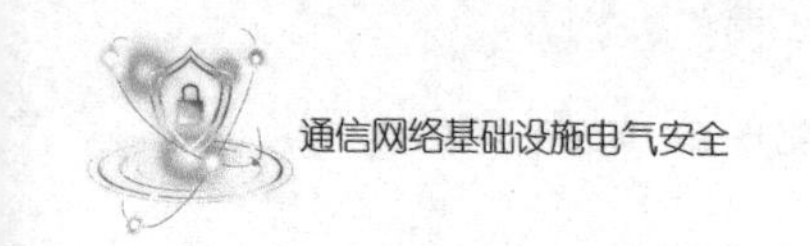

班长到达现场，手动启动主机楼的 2 台柴油发电机，手动切换操作分别对 1#、2# 变压器负载供电。

因 1# 变压器负荷接近油机满载及受到交流 UPS 输入谐波的影响，1# 油机转速不稳，发电机频率波动较大，超出交流 UPS 交流输入频率的范围，导致交流 UPS 整流器不能正常工作，继而锁闭，同时旁路不可用，造成油机无法为交流 UPS 供电、交流 UPS 蓄电池组持续放电。

支援人员到达现场后，发现 1# 低压变配电系统开关过载跳闸，将其复位并重新合闸后，恢复市电供电。

支援人员多次尝试母联开关合闸，但一直未成功。

接着 10 楼 1 套伊顿 9315/400kVA 交流 UPS 设备因电池放电至低电压，输出关断；11 楼 1 套伊顿 9315/400kVA 交流 UPS 设备因电池容量放空，输出关断。

支援人员启动机楼地下室油机为 3# 变压器下负载供电。

支援人员进行倒闸操作，将 2#、3# 变压器下的所有负载恢复供电，关停油机。

值班人员在巡视检查中发现，11 楼 9315/400kVA 交流 UPS 电源中断关机，人工转换旁路供电引起总输入开关跳闸（因设备自动重启冲击电流大），汇报支撑人员应将列头柜电源先关闭，再分别恢复供电。

10 楼伊顿 9315/400kVA 交流 UPS 设备经人工复位恢复供电。

10 楼 1 套洲际开关电源（48V）因交流接触器故障导致蓄电池组持续放电，直至蓄电池电压过低，造成供电中断。其原因是交流输入屏主输入电源的交流接触器故障。

维护人员处理完 10 楼洲际开关电源设备的接触器障碍后，恢复供电。至此，机楼所有负载供电恢复正常。

3. 故障及处理过程的总结与反思

① 该机房作为最重要的通信机楼，采用几套供电系统互为主、备用的保护方案是合理的。但随着负荷的增加，现有的变压器、柴油发电机组等未同步考虑扩容，系统没有足够的冗余量，一旦发生系统切换工况，不但无法实现自动保护，还会引发超载故障。未根据负荷增加情况及时调整系统自动保护方案、优化供电结构，是这次故障的主要原因。

② 在 1# 变压器接近满载后，二级交流屏 2 路市电主 / 备用自动转换功能未禁止，发生负载转移是造成 1# 变压器总开关超载跳闸的主要原因。

③ 关于 10kV 母联开关跳闸的原因：事故发生后，我们检查与核对 100kV 母联开关的过电流保护定值，经查继电保护过电流设定值与供电部门给定值相

符，中压柜控制器显示 3 次跳闸动作点分别为 267A、268A、270A，与给定值基本相同。因此，排除开关问题。

④ 在后续保障演练中，发现高压母联开关带 3# 变压器负载时，3 相电流严重不平衡，控制仪表分别显示为 81A、144A、82A，B 相电流严重偏大（实际 B 相无电流互感器，其值为虚拟计算值），厂商技术人员检查并分析后认为，A 相、C 相的其中 1 个电流互感器 2 次线接反，导致计算错误，经改接，三相电流均显示为 80A 左右，恢复正常。由此分析，前一次造成高压母联开关跳闸的主要原因是 2 个电流互感器 2 次线接法相反，导致计算错误，使 B 相电流测量值成倍增加，并同时叠加变压器间转换功率、电池充电功率及空调增加功率所致。

⑤ 因油机容量不足、1# 变压器负荷接近满载及交流 UPS 输入谐波的影响，1# 油机转速不稳，发电机频率波动较大，超出交流 UPS 输入频率范围，使交流 UPS 整流器无法正常工作，继而闭锁，造成交流 UPS 蓄电池组持续放电。

⑥ 交流 UPS 蓄电池组容量配置不足，原设计中注明单机满载放电可支撑 0.5 小时，系统可支撑 1 小时，经测试单机满载只能支撑 10 分钟。这导致预留应急抢修时间不足，使操作者产生时间错误判断。

⑦ 蓄电池质量差，失水严重，容量下降明显。

⑧ 当负载接近满载时，未能采取措施及时预警、调整均分负载、限制负载转移、减小充电电流等。

⑨ 油机、市电、监控台相隔距离远，来回奔波、操作耗费时间长。

4. 教训与反思

① 设备方面的问题：局站高低压、油机供电系统资源配备达不到枢纽局站的要求。

② 管理方面的问题：值守人员缺少按应急预案演练的机会，应急操作处理经验不足。

案例 6　某枢纽机楼 UPS 蓄电池故障

2014 年 11 月 30 日，某枢纽机楼在市电倒换过程中出现了交流 UPS 输出掉电故障，导致一些省级 IT 支撑系统出现宕机故障。经确认，当时带载的 3 套交流 UPS 系统中有两套交流 UPS 系统出现了输出掉电现象，另一套输出正常。

1. 事故概况

2014 年 11 月 30 日上午，机楼维护人员按计划进行市电高压主 / 备回路倒换操作，在倒换过程中，有两套艾默生 (2+1) 交流 UPS 系统出现了输出中断故障，导致这 2 套交流 UPS 系统所带的负载全部宕机。在市电倒换完成、恢复正常供电后的 10 分钟，交流 UPS 系统恢复正常输出供电。

交流 UPS 系统的配置情况如下。

该机楼共配置了 3 套交流 UPS 系统，其中，2 楼安装了两套交流 UPS 系统 (系统 1 和系统 2)，3 楼安装了一套交流 UPS 系统 (系统 3)，每套交流 UPS 系统均按照 2+1 模式配备 3 台交流 UPS 设备，单机最大输出功率为 300kVA，所有交流 UPS 设备均配备了两组单体的 400Ah 阀控密封式铅酸蓄电池，每组蓄电池由 192 节单体电池串联组成。本次发生输出中断的是 2 楼的 2 套交流 UPS 系统 (系统 1 和系统 2)。

2. 事故原因查找和定位

(1) 市电核查情况

从现场调查和交流 UPS 设备运行状态的数据来看，发生故障当天外部天气晴朗无雷，外市电电压正常，没有闪断现象。从设备运行状态日志看到，市电停电 22 秒，市电配电回路上也没有出现异常现象，因此可以排除市电异常对交流 UPS 和蓄电池产生冲击破坏的可能性。

(2) UPS 设备核查情况

本次发生故障的两套交流 UPS 系统 (系统 1 和系统 2) 是 2008 年建设、2009 年投产的。2014 年 2 月，生产厂商对该机楼交流 UPS 设备进行了深度保养，确认两套交流 UPS 系统的 6 台单机均运行正常。

检查设备的运行状态日志，在 11 月 30 日市电倒换停电阶段，两套交流 UPS 系统的 6 台交流 UPS 设备输出分别带载了 12 秒到 28 秒，均停止输出。其中系统 1 的 2 号和 3 号交流 UPS 设备分别由蓄电池带载 14 秒和 13 秒就进行低电压保护 (电池开关断开了)，剩下的 1 号交流 UPS 设备承担全部负荷供电，负载率超过 109%，1 号交流 UPS 设备工作 20 秒后也因过载而停机保护 (2 号、3 号交流 UPS 设备停机后，1 号交流 UPS 设备在过载 9% 的情况下独立工作了近 10 秒)。系统 2 的 1 号、2 号、3 号交流 UPS 设备分别由蓄电池组带载 12 秒、13 秒、18 秒后均进入低电压保护。

除了电池输入告警及过载告警，2 套交流 UPS 系统出现故障的过程再无其他任何异常记录，且在市电恢复后，2 套交流 UPS 系统均顺利完成重启，因此可以判定 2 套交流 UPS 系统在故障期间运行正常。

(3) 蓄电池核查情况

该机楼于 2009 年建设了 3 套交流 UPS 系统时均配套安装了阀控密封式铅酸

蓄电池。3 套 (2+1) 交流 UPS 系统有 9 台交流 UPS 设备，共配置了 18 组 2V×4OOAh×192 节阀控密封式铅酸蓄电池（共 3456 节蓄电池）。

故障发生后，维修人员对故障的交流 UPS 系统的 12 组蓄电池进行了外观检查及现场测试。从外观方面来看，未发现蓄电池单体出现漏液、爬酸、极柱锈蚀、外壳开裂等问题。但在测试过程中发现 12 组蓄电池中，除了系统 1 的 1 号交流 UPS 设备的一组蓄电池，其余 11 组蓄电池分别有单体电池存在开路现象，由于每组蓄电池均由 192 节蓄电池单体串联组成，任何一节单体电池出现开路都将导致整组蓄电池供电中断，因此可以判定故障发生后，系统 2 的 6 组蓄电池组供电均失效，系统 1 的 2 号、3 号交流 UPS 设备的 4 组蓄电池供电失效，1 号交流 UPS 设备虽然有一组蓄电池失效，但还有一组蓄电池可以正常供电，该测试结果与设备运行状态日志记录相符。

将该机楼的 3 节内阻测试显示为开路和 3 节内阻正常的蓄电池样品送回实验室测试和解剖，发现 3 节开路蓄电池的负极都有汇流条严重腐蚀、汇流条和极板焊接点存在断裂的现象，3 节内阻正常的蓄电池的负极汇流条保持完好，没有出现腐蚀现象，蓄电池内部被腐蚀情况如图 13-14 所示。

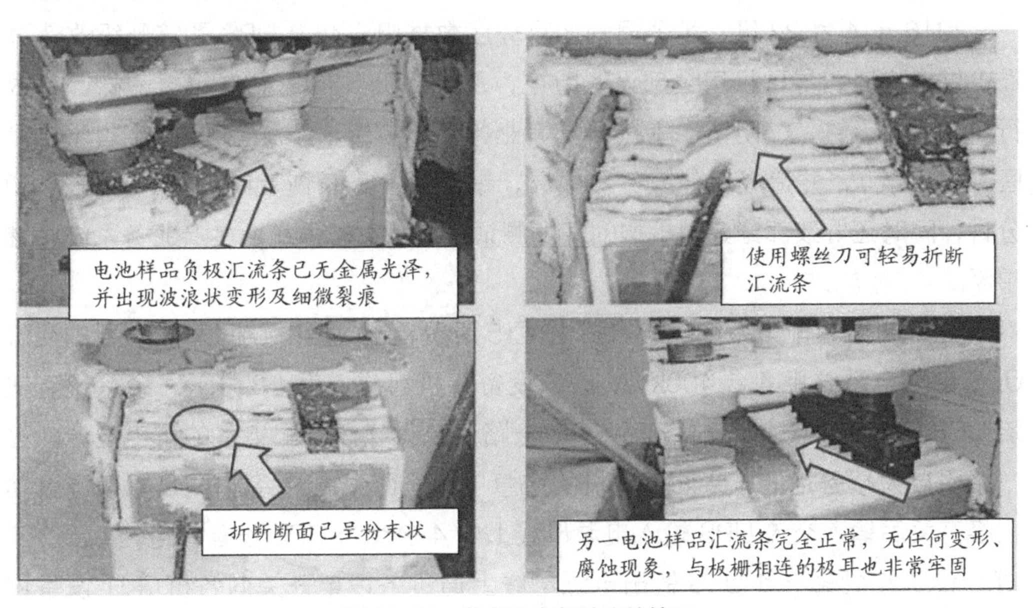

图 13-14　蓄电池内部被腐蚀情况

（4）预防性维护工作的核查情况

为了做好蓄电池故障预防工作，在《通信电源空调维护规程》中，规范了蓄电池例行维护作业内容及周期。

通过检查现场作业记录，确定供电局在该机楼的维护作业内容和周期均按照维护规程要求开展。每月测试蓄电池总电压和浮充电流、检查蓄电池外观；每个季度测试蓄电池单体电压；每半年测试蓄电池内阻；每年对蓄电池进行核对性放电测试，并由维护主管确认作业结果。

3. 事故原因分析

本次故障发生在蓄电池的汇流条和极耳的漫长腐蚀过程中，出现了汇流条和极耳金属材料盐化、粉末化，在导体内部产生一些细微裂纹，当启动蓄电池供电时，在大电流的冲击下，裂纹形成断裂，造成蓄电池单体开路，使整组蓄电池失效。例行维护测试是针对蓄电池放电持续能力的测试，均为小电流测试，测试结果最多是在电压和内阻数值上有一些小变化，且检测无法做到实时（检测间隔为 3 个月），因此很难通过例行维护测试发现这类隐患。蓄电池容量核对性测试属于大电流测试，但只要在蓄电池组还未发生单体开路造成蓄电池低压保护开关断开，就无法有效发现此类故障隐患。

案例 7　某公司数据中心 UPS 更换过程中供电中断

1. 事故概况

2016 年 4 月 22 日，某公司的北京亦庄数据中心交流 UPS 系统升级改造过程中供电中断，导致机房全部设备断电，系统宕机，73 家村镇银行的核心、银行卡、柜面、支付、网银、手机银行等业务全部中断，涉及全国 12 个省（自治区、直辖市），并造成部分服务器损坏，银行业务最长恢复时间达到 7 小时 32 分钟，同时还导致部分金融机构的开发测试系统、灾备系统、生产业务系统相继中断。

交流 UPS 供配电系统示意如图 13-15 所示，该数据中心机房 IT 负载的交流 UPS 供配电系统由 4 台 400kVA UPS 设备并机组成，为（3+1）冗余系统。交流 UPS 输入电源母线的进线有两路，一路引自大楼总变配电室的市电电源，另一路引自大楼备用低压柴油发电机的应急电源，两个电源经过 ATS 双电源自动切换开关后输入交流 UPS 输入电源母线上向 4 台交流 UPS 设备供电，4 台交流 UPS 设备并机输出到 UPS 输出电源母线上通过各馈电开关向各机房 IT 设备供电，交流 UPS 输入电源母线和交流 UPS 输出电源母线之间设有手动维修旁路。当正常运行时，ATS 切换在市电侧供电，当市电因故障停电，备用柴油发电机启动正常后，ATS 将自动切换到备用柴油发电机供电。

该数据中心按计划对 4 台老旧交流 UPS 设备升级更换。先将 3# 和 4# 旧交流 UPS 设备（400kVA）换新，由 1# 和 2# 旧交流 UPS 设备为机房供电，而后再更新 1# 和 2# 交流 UPS 设备，在此期间，使用 3 台柴油发电机并机运行为交流 UPS 设备供电。末端负载为 710kVA，功率因数为 0.95。

为了确保交流 UPS 系统的输入供电正常，由外市电供电改为柴油发电机向交流 UPS 设备供电，并且在此之前做过柴油发电机带假负载测试。为了降低柴油发电机组负载率，将原来装在柴油发电机组下的制冷系统退出来，改为外市电直接供电，使柴油发电机组只为交流 UPS 系统供电。

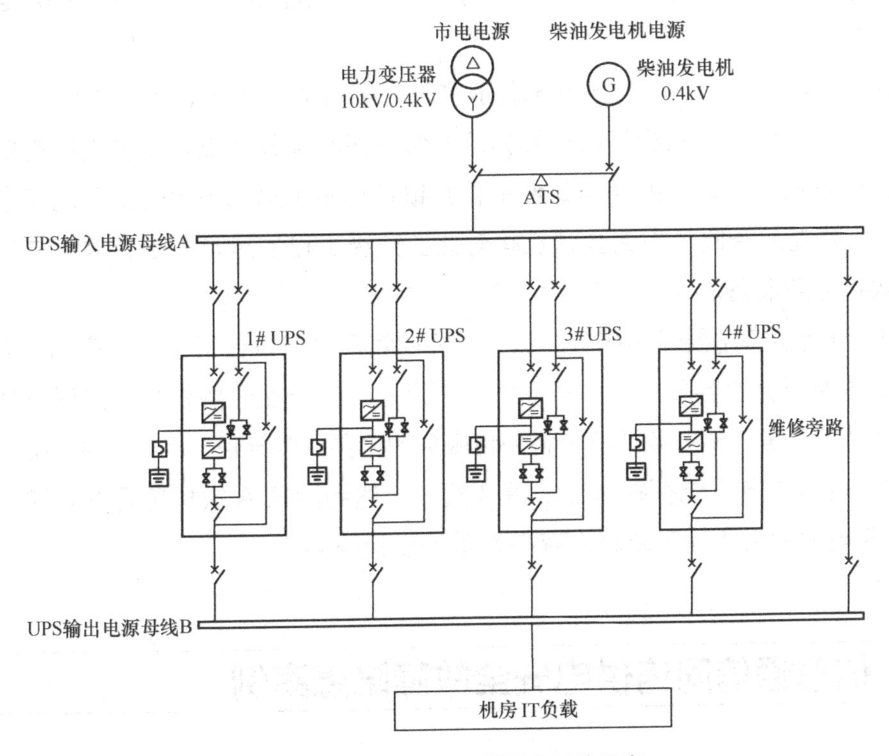

图 13-15 交流 UPS 供配电系统示意

在升级更换过程中，两台旧交流 UPS 设备因负载过高（达到容量的 90%），运行 50 分钟后切换至旁路，由柴油发电机组直接对 IT 设备供电。12 分钟后，新装的交流 UPS 设备开机时，3 台柴油发电机组接连出现“失磁”报警，陆续停止运行，导致机房全部设备断电，系统宕机。

2. 事故原因分析

① 升级时，使用两台老旧交流 UPS 设备为机房设备供电，负载率过高，导致交流 UPS 设备过载切换至旁路而造成负载设备失去不间断供电保护。

② 当柴油发电机组直接带容性的 IT 设备时，带载能力不足，导致柴油发电机出现“失磁”报警现象，最终退出服务，造成供电中断。

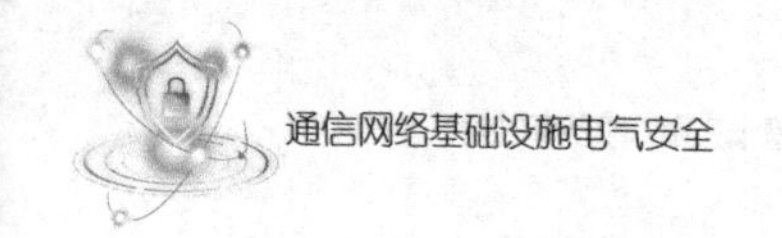

3. 暴露的问题

除了上述原因，事故还暴露出了一系列问题。

① 对生产系统高风险作业应急准备不足。升级方案对隐患预估不足，缺乏场景设计，缺失应急预案。

② 高风险作业时间安排不当。该公司将交流 UPS 设备升级、供电线路割接的高风险操作安排在工作日（白天）进行，此时为主要业务时段，UPS 跳转旁路，柴油发电机“失磁”告警停机、机房供电中断，造成相关银行业务全面中断、设备损坏。

③ 该公司事前未向银行明确提示风险，银行准备不足，不能在短时间内恢复业务。该公司未告知相关银行具体的升级方案和操作地点，以及银行需要提前做出的应急准备，事前的通知邮件中告知银行“施工期间不会对贵司的用电造成影响”，客观上降低了相关金融机构对此次升级工程的风险判断，因而未进行系统、数据应急准备。

④ 分包机房主要运维服务。该公司将中银富登村镇银行生产机房的基础设施管理等主要服务内容分包给了第三方，不满足《银行业金融机构信息科技外包风险监管指引》第三十七条“不得将外包服务的主要业务分包”的风控原则规定。

⑤ 机房供电系统存在单点故障风险，未达到国家 A 级机房标准。该机房交流 UPS 电力输出实际为单路，存在严重的设计缺陷。

13.3 信息通信网络供电安全故障隐患案例

案例 1 某通信枢纽局 UPS 故障

1. 事故概况

某 IDC 机房 100kVA（1+1）并联冗余交流 UPS 系统，每台主机配置 4 组 100Ah 共 400Ah 的阀控密封式铅酸蓄电池组。系统运行两年后，突然出现整流器输出电压不稳定现象，蓄电池组处于反复充放电状态。故障表征为 UPS 输入配电柜上的电流表指针反复摆动。

2. 故障分析排查

① 可以排除蓄电池本身的质量问题。

② 由于早期进口的交流 UPS 设备的系统参数设置受厂商控制，必须由厂商

用计算机连接并使用专用加密软件才能修改，加上设备验收时没有保存系统设置参数资料，故现场维护人员无法全面了解系统的具体情况，延误了故障排查，交流 UPS 系统一直处于带隐患运行的状态。

③ 在厂商服务人员的配合下，通过电脑和加密软件，全面检查了系统的内部状况及参数设置等信息，查到了具体信息，UPS 设备参数设置如图 13-16 所示。

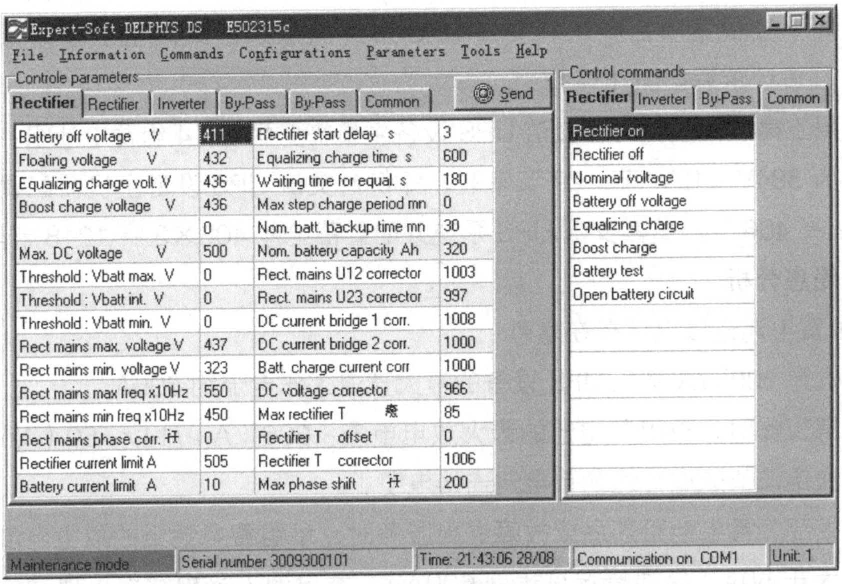

Expert-Soft DELPHYS DS E502315c

File Information Commands Configurations Parameters Tools Help

Controle parameters: Rectifier | Rectifier | Inverter | By-Pass | By-Pass | Common — Send

Parameter	Value	Parameter	Value
Battery off voltage V	411	Rectifier start delay s	3
Floating voltage V	432	Equalizing charge time s	600
Equalizing charge volt. V	436	Waiting time for equal. s	180
Boost charge voltage V	436	Max step charge period mn	0
	0	Nom. batt. backup time mn	30
Max. DC voltage V	500	Nom. battery capacity Ah	320
Threshold : Vbatt max. V	0	Rect. mains U12 corrector	1003
Threshold : Vbatt int. V	0	Rect. mains U23 corrector	997
Threshold : Vbatt min. V	0	DC current bridge 1 corr.	1008
Rect mains max. voltage V	437	DC current bridge 2 corr.	1000
Rect mains min. voltage V	323	Batt. charge current corr	1000
Rect mains max freq x10Hz	550	DC voltage corrector	966
Rect mains min freq x10Hz	450	Max rectifier T	85
Rect mains phase corr.	0	Rectifier T offset	0
Rectifier current limit A	505	Rectifier T corrector	1006
Battery current limit A	10	Max phase shift	200

Control commands: Rectifier | Inverter | By-Pass | Common

Rectifier on
Rectifier off
Nominal voltage
Battery off voltage
Equalizing charge
Boost charge
Battery test
Open battery circuit

Maintenance mode | Serial number 3009300101 | Time: 21:43:06 28/08 | Communication on COM1 | Unit: 1

图 13-16 UPS 设备参数设置

④ 从交流 UPS 设备的参数设置中可以发现：蓄电池组的充电电流最大不超过 10A，这是交流 UPS 系统按照配备 100Ah 蓄电池组缺省配置的。更改设置必须在设备停机后，更换 EPROM 芯片进行系统升级来实现。

⑤ 现场实际配置的蓄电池组为 400Ah，若按 10 小时充电率需要 40A 的电流，因此造成了蓄电池充电能力不足。设备经过近两年的运行后，蓄电池组长期欠充导致容量不足，显示需要进行补充电（均充）。但交流 UPS 设备限制了充电电流，迫使充电停止。周而复始，在交流 UPS 设备输入端呈现出输入电流的反复波动。

⑥ 经厂商进行系统升级并更换 EPROM 芯片后，重新设置系统参数并重新开机，检测系统进入蓄电池组，充电状态正常。原来蓄电池组充电时输入配电柜上的电流表指针出现反复摆动的故障。同时，观察挂在设备与电池连接线上的电流钳表，电流钳表上的数据无明显波动，设备对电池组正常充电。至此，确认已排除设备故障。

案例 2　某 IDC 机房 UPS 蓄电池组配置不当

1. 事故概况

某 IDC 机房需要建设一套系统容量为 800kVA 的（2 + 1）并联冗余交流 UPS 系统，要求交流 UPS 设备单机后备时间为 30 分钟；指定采用某品牌 2V100Ah 的高倍率阀控密封式铅酸蓄电池。设备招投标结果为使用某品牌的六脉冲工频交流 UPS 系统，主机设备配备的铅酸蓄电池组的标称电压为 348V。

设计单位根据项目要求和交流 UPS 系统的采购结果做出工程设计。交流 UPS 工程设计示意如图 13-17 所示。

按照工程设计图，每台交流 UPS 设备主机需要配置 14 组蓄电池组；每组蓄电池组为 384V ÷ 12V/ 节 =29 节串联，即每台交流 UPS 设备主机需配置蓄电池 14×29 = 406 节。整套交流 UPS 系统共配置蓄电池 406×3 = 1218 节。

2. 隐患分析

1）蓄电池连接电缆存在隐患

单机为 400kVA 交流 UPS 设备的最大直流工作电流约 606A。

正常工作时，单组蓄电池的最大放电电流：606（A）/14 < 50（A），一般设计按次电流值选取合适的蓄电池连接电缆。

如果部分蓄电池组落后或故障退出服务时，单组蓄电池组的放电电流将大于甚至远大于 50A（极端情况可达到 600A），蓄电池连接电缆将出现过流能力不足、中断输出甚至因电缆瞬间发热导致起火。而且可能会造成“雪崩”效应。

2）不符合工程设计规范

GB 51194—2016《通信电源设备安装工程设计规范》和 YD 5040—2005《通信电源设备安装工程设计规范》在“蓄电池组配置”中明确规定了蓄电池组的配置要求：直流供电系统的蓄电池一般设置两组。交流 UPS 设备的蓄电池组每台宜设一组。当容量不足时可并联，蓄电池组的并联组数不可超过 4 组。

因此上述设计方案与规范标准要求是不符的。

 案例 3　某机楼低压配电开关跳闸故障

1. 事故概况

2007 年 3 月 19 日上午，在没有任何征兆和发生消防火灾告警的情况下，某公司通信枢纽楼一楼低压配电房的南列配电屏的所有支路开关突然全部跳闸，造成市电供电中断 21 分钟，庆幸未造成通信中断及其他事故。

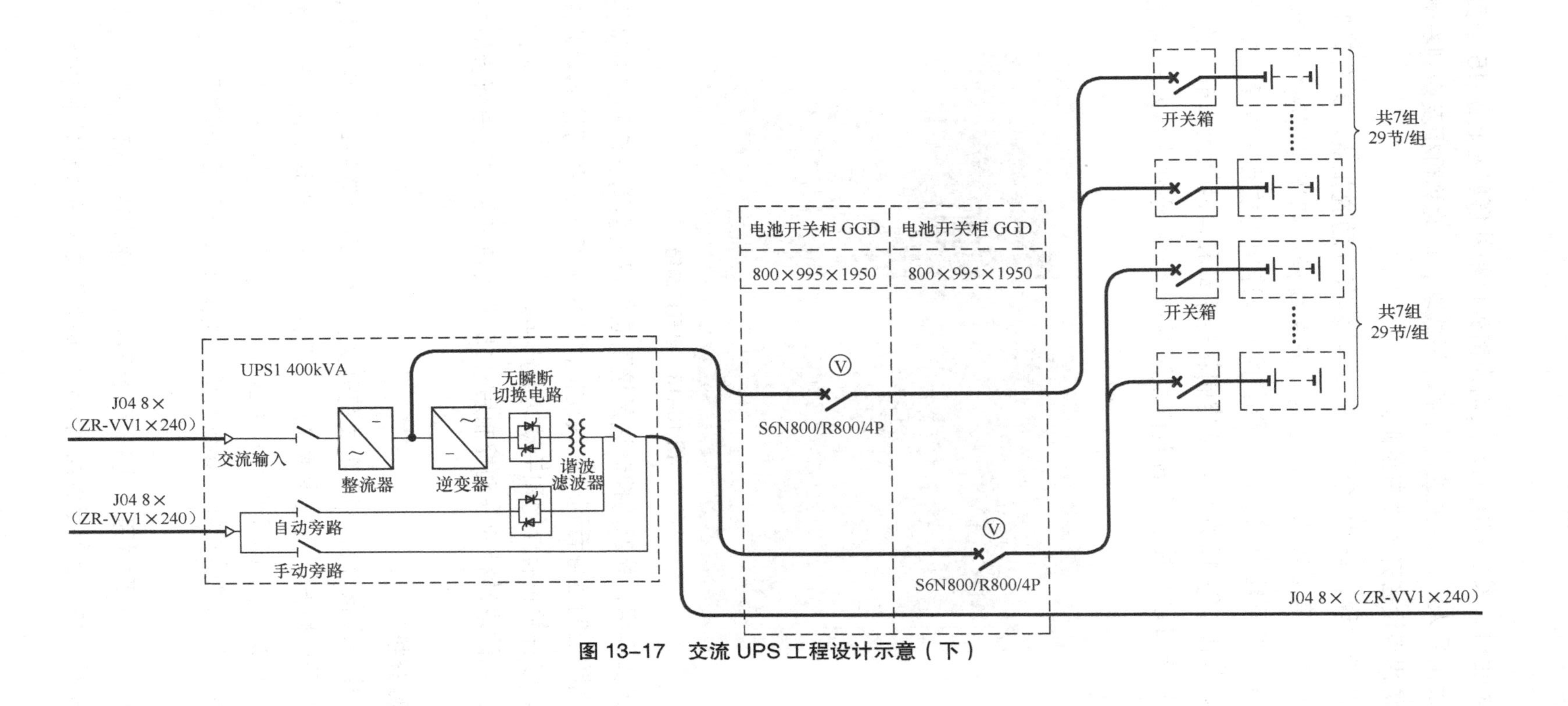

图 13-17 交流 UPS 工程设计示意（下）

故障发生时，发生跳闸的开关均为南列机柜补偿屏左起的 15 个负荷开关。全部同时跳闸且人工对开关进行合闸时不成功，而北列机柜及南列右侧的消防专用柜的消防用电设备开关没有跳闸。

根据勘查发现，该 15 个负荷开关都装有分励脱扣器。该分励脱扣器的原理是：当控制线有 24V 直流电压时，开关跳闸；如果控制线持续有 24V 直流电压时，开关将不能合闸。脱扣器有控制线连接到放置在墙角上的控制箱内，电气控制箱如图 13-18 所示，该控制箱有手动和自动功能选用开关，故障发生时，开关置于自动功能。查看箱内发现接有 15 路控制线以及一路连接外部的控制线。

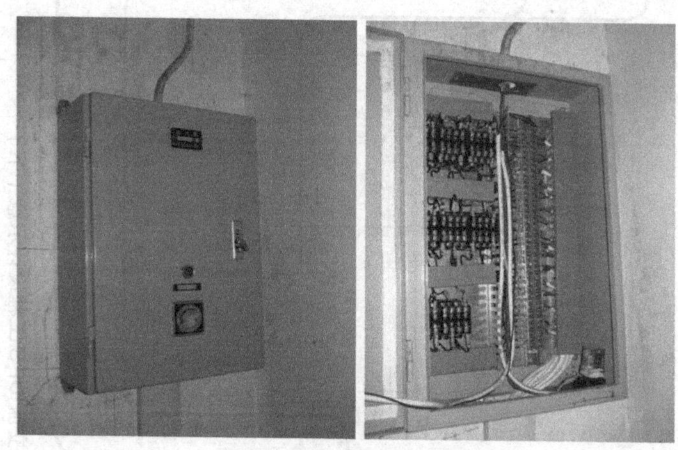

图 13-18　电气控制箱

相关人员介绍，外部的控制线是接到通信枢纽楼消防控制室联动柜的。在通信枢纽楼消防控制室可看到一个联动柜，该柜上有一开关可控制对非消防电源的切断按钮，该开关也有自动和手动功能选用。

取消该消防联动柜的联动控制后，15 个负荷开关均可重新合闸并恢复正常供电。

2. 故障分析

① 从故障现象分析，15 个负荷开关同时出现故障的可能性较小，因为 15 个负荷开关同时跳闸，且故障解除后一切使用正常。现场测试证明，通信枢纽楼一楼低压配电房南列 15 个负荷开关的功能和故障中开关的动作是正常的，可以排除因开关设备本身的损坏、参数漂移、误操作或产品质量问题导致本次故障的可能性。

② 事后对消防联动系统进行了验证测试，证明通信枢纽楼消防控制室的消防联动系统对一楼低压配电房南列 15 个负荷开关具备远程控制功能。

③ 当时正值梅雨季节，天气湿度相当大。消防监控系统信号采集器误动作的概率大大增加。

3. 教训与反思

本次故障是在没有发生消防事故和市电中断的情况下，出现通信网络交流输入供电中断，除了需要认真分析找出故障原因，相关人员还需要思考以下问题。

① 通信电源是否应该属于非消防电源，被纳入消防联动系统进行统一控制正确吗?

② 在消防告警紧急状态或消防误告警的情况下，如何尽可能保障通信网络安全供电?

GB 50116—2013《火灾自动报警系统设计规范》第 4.2.6 条规定：火灾确认后，消防控制设备对联动控制对象应有以下功能：一是关闭有关部位的防火门、防火卷帘，并接收其反馈信号；二是发出控制信号，强制电梯全部停于首层，并接收其反馈信号；三是接通火灾应急照明灯和疏散指示灯；四是切断有关部位的非消防电源。

GB 50116—2013《火灾自动报警系统设计规范》第 6.3.1.8 条规定：消防控制室在确认火灾后，应能切断有关部位的非消防电源，并接通警报装置及火灾应急照明灯和疏散标志灯。结合该条的说明：……为了扑救方便，火灾时切断非消防电源是必要的，但切断非消防电源时应该控制在一定范围内。有关部位是指着火的防火分区或楼层，一旦着火应切断本防火分区或楼层的非消防电源。切断方式可以是人工切断的，也可以是自动切断的，切断顺序应考虑按楼层或防火分区的范围，逐个实施，以减少断电带来的不必要的惊慌。

从上述条文的规定和说明我们可以得出：

① 火灾时，切断非消防电源是必要的，把通信电源纳入消防联动系统进行统一控制没有违反国家设计规范的要求；

② 因火灾切断非消防电源时，应该控制在一定范围内，在确保安全的前提下，尽量减少断电带来的影响；

③ 在火警发生后，非消防电源切断的范围应该是可控的，以实现将非消防电源的切断控制在一定范围内；切断非消防电源的方式是可以选择的（手动或自动）。

根据上述分析，该通信枢纽楼的消防报警系统设计也是符合国家设计规范要求的。但是，该机楼把所有非消防电源及通信网络供电电源设备的断电控制放在同一点上的做法，并不完全符合相关设计规范标准的制定初衷，值得商榷。

将消防联动放在同一点控制，当某防火分区或楼层发生火灾，仅需要切断该楼层的非消防电源时，必须把所有非消防电源同时切断，也就不能按防火分区或楼层来切断有关部位的非消防电源。

通信机楼的建筑性质不同于一般的民用建筑。作为通信网络的节点，通信机楼有特殊之处，确保通信网络畅通是它的一项最主要的工作。对于通信电源来说，应尽最大的努力保障通信电源不中断。事实上，很多火灾并不需要切断全部电源，而且设计规范也并没有要求全部切断。如果因为某区域发生火灾，只需要切断该区域的电源，如果仅是误告警就把所有通信电源切断，这样就会大大增加通信网络安全供电保障的难度。

发生火灾时及时切断非消防电源，一是避免电线着火后的二次短路燃烧；二是考虑灭火时的人身安全。但是通信电源都接有备用电池，即使在火灾情况下断开了低压配电开关、断开了市电输入，设备在一定时间内依然有电输出，切断市电对通信电源来说意义不大，并没有实现消防部门在火灾时为扑救方便而先切断非消防电源的初衷，从某种意义上来说，发生火灾后切断通信系统电源市电输入无实际意义。

因此，根据国家设计规范并结合实际情况，现提出以下 5 点建议。

① 按要求，通信电源是可以被纳入消防联动系统的，但国家设计规范没有相关的具体细则要求。鉴于通信行业的特殊性，设计单位在工程设计的时候往往不会把通信电源纳入消防联动系统，只是把走廊照明、办公等用电设备纳入消防联动系统。建议相关部门仔细讨论研究，明确是否需要把通信电源纳入消防联动系统及如何纳入消防联动系统。

② 如果一定要把所有非消防电源纳入消防联动系统，建议切断控制，把通信电源系统与机房空调系统、照明办公等其他电源分开，然后再按防火分区对楼层进行控制，并且把通信电源系统、机房空调系统的切断控制设置成手动操作。当某处有火警发生时，可按电源供电的轻重缓急，先把该处的照明办公等其他电源切断，视情况再切断机房空调系统，最后人工确认切断通信电源，从而尽可能保障通信网络的供电。

③ 消防联动系统对通信电源设备的供电输入有控制作用，且因消防联动系统自身的问题及天气潮湿等多方面的原因，或多或少地存在误告警和人为误操作的可能，因此应该加强安保部门与通信网络维护部门之间的沟通和交流，明确大楼消防监控部门与动力维护部门的职责与分工。一旦发现消防联动系统对通信电源设备的供电输入切断或恢复时，应及时检查核对，共同确认，确保通信电源设备安全及通信网络的安全供电不中断。

④ 对于现有的系统，建议各地维护部门配合安保部门进行检查核对，核实消防联动系统可以控制哪些非消防电源，并了解其是如何控制的。如果存在枢纽机楼由一点控制或通信电源和其他电源没有分开控制的情况，建议按照第 2 点的建议整改。如果完全按照第 2 点整改的难度较大，建议至少应把通信电源系统和其他电源的控制分开，且设置成手动状态。这样，既可以避免因消防系统的误动作带来通信中断事故，又可以在发生火灾后经人工确认必须切断所有电源时，再切断通信电源。

⑤ 对于新建消防联动系统，如果消防管理部门要求将所有非消防电源全部纳入消防联动系统，建议尽量按照第②点建议进行设计。

案例 4　IDC 机房 UPS 系统输出配电柜异常发热故障

1. 事故概况

据某网运部报告，IDC 机楼 2 楼交流 UPS 系统输出并机柜和输出配电柜的柜体金属构件存在发热现象，温度随着输出电流的增大而上升，交流 UPS 系统的输出电流为 670A，柜体金属构件的温度最高已达到 90℃。

该机楼 2 楼为交流 UPS 系统配电房，有 2+1 的 800kVA 并联冗余交流 UPS 系统两套。发热严重的为一套交流 UPS 系统的交流输出总配电柜，该配电柜是某电器控制设备厂制造的。

2. 故障分析

该交流配电柜的额定容量为 1600A，柜内相线铜母排的截面积 $6\times100=600mm^2$，而 UPS 系统输出负载总电流每相 650A 左右，远未达到设计容量。另外，从温度测试的情况看，主要的发热体是配电柜中间的铁板及汇流铜排附近的金属构件，而汇流铜排的温度却低很多。因此可以判断，发热并不是母排或接触点电流过载引起的。

1）交流配电柜发热原因

根据物理学理论，我们知道，把金属导体放在变化的磁场中，或者让金属导体在磁场中运动时，导体内会产生感应电流。感应电流在导体中的分布随着导体的表面形状和磁通的分布而不同，会在金属体形成磁场，产生涡流，从而使金属体发热。涡流的强度和电流频率的平方成正比，三次谐波的频率是 150Hz，也就是说，1000A 的三次谐波电流产生的涡流相当于 9000A 工频 50Hz 的电流产生的涡流，会进一步加剧涡流效应。

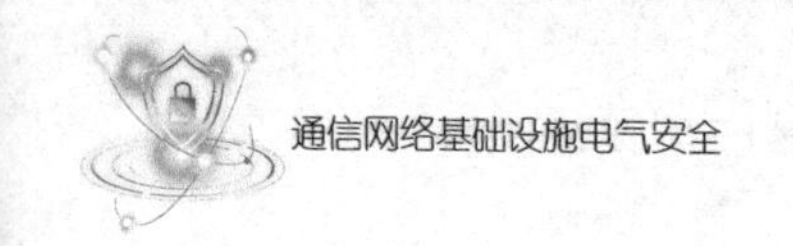

2）交流 UPS 系统输出端存在大量电流谐波

用电力质量分析仪发现交流 UPS 系统的输出端谐波电流非常大。单台交流 UPS 设备输出谐波电流情况见表 13-2，系统总输出配电柜谐波电流情况见表 13-3。

表 13-2　单台交流 UPS 设备输出谐波电流情况

相位	A 相		B 相		C 相	
总电流（谐波）	67.10%	219.7A	73.1%	221A	64.3%	217.3A
3 次	55.70%	101.8A	61.0%	108.7A	54.0%	98.8A
5 次	32.70%	59.9A	35.0%	62.3A	30.2%	55.3A
7 次	17.00%	31.2A	18.2%	32.5A	16.1%	29.5A

表 13-3　系统总输出配电柜谐波电流情况

相位	C 相		N 相	
总电流（谐波）	72.2%	648A	100%	980A
3 次	59.8%	314A	99.5%	976A
5 次	36.5%	192A		
7 次	15.8%	83A		

究其原因，该 IDC 网络机房中的服务器绝大部分为客户自己组装的服务器，服务器配备的电源质量较差，使用时存在大量的谐波电流，尤其是三次谐波电流。这会导致交流 UPS 系统输出端存在大量谐波。

3）涡流导致严重发热

从输出电流的谐波测试数据可以看出，输出铜排母线上的电流谐波含量高达 72％以上，其中三次谐波含量约为 60％，三次谐波电流 314A。三次谐波电流作为零序电流，三相的矢量和是不能抵消的，而是叠加在一起，汇集在 N 线上。在表 13-3 中，从 N 线的测量电流可以看出，3 次电流有效值是 976A，约为 C 相 3 次电流值的 3 倍，即 A、B、C 三相的 3 次电流值之和。

3 台交流 UPS 输出在该总配电柜并入总输出母排，由于相互不能抵消的三次谐波电流的存在，叠加电流从下往上依次增大，在汇流至母排顶部时，叠加电流达到 970A，巨大的电流在该处产生很强的交变磁场，由于该处的铁板和母排非常接近，距离约 1cm，会产生很强的涡流，从而产生大量的热能。尤其在图 13-19

中实线圆圈处，1 号交流 UPS 设备的输出三相合成的电流也在此处产生涡流，因此，该处是整个机柜发热最严重的地方，三相谐波电流叠加示意如图 13-19 所示。

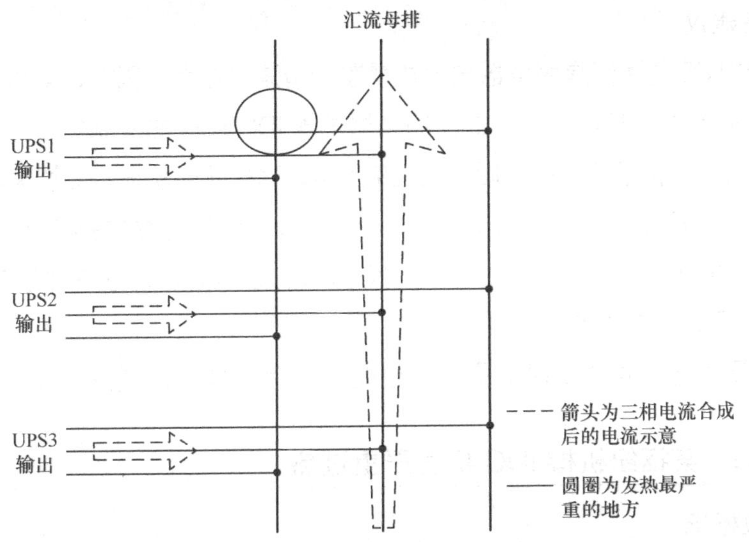

图 13-19 三相谐波电流叠加示意

中性线 N 线排的情况也可以进一步证明，配电柜发热是涡流引起的，中性线 N 线排及其发热情况如图 13-20 所示。

(a) 配电柜内的 N 线排

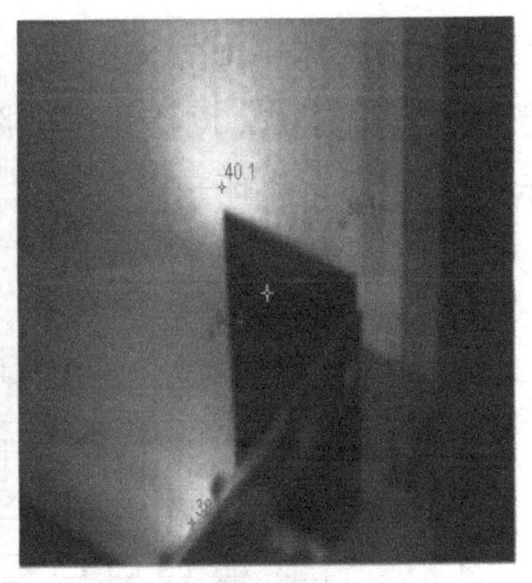

(b) N 线排周围铁皮发热情况

图 13-20 中性线 N 线排及其发热情况

总配电柜内 UPS 输出采用的是 3P 断路器（不需要“倒零”），故 N 线母排和相线母排是分开布放的，N 线母排在机柜下方横穿两个机柜，配电柜内的 N 线排如图 13-20（a）所示。N 线排周围铁板发热情况如图 13-20（b）所示，穿过机柜的 N 线排使机柜外壳发热，由于空间较大，柜体距离 N 线排也有一定的距离，因此机柜发热不是十分严重。

因此，该配电屏严重发热的主要原因，是设计考虑不够全面，没有将 N 线的

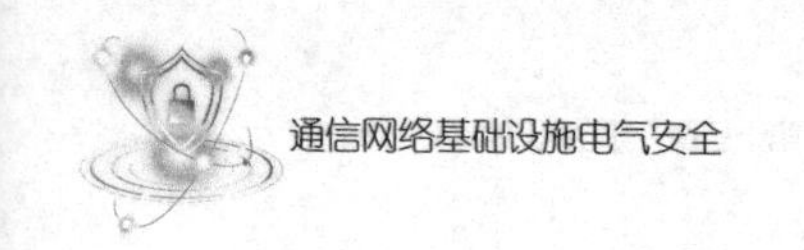

母线排和三相的母线并排平行布放在一起，涡流电流无法相互抵消。同时，相线母排外安装的金属保护罩更加剧了涡流电流的发热效应。

3. 处理建议

① 发热故障的诱因是服务器电力质量差，谐波电流大，因此，最根本的解决方法是限制服务器进入 IDC 机房，制定服务器进入 IDC 机房的检测标准，只有当服务器的输入电流谐波含量符合标准后才能上架上电，这样才能从根本上解决该问题。

② 为减少涡流，将中性线 N 线的母线排和三相的母线并排平行布放在一起（尽管采用 3P 断路器，中性线不作倒换），通过相线电流与中性线电流的矢量叠加，减少涡流电流的产生。

③ 将母线排外的金属保护罩去掉或改为非金属材料，减少涡流发热。

案例 5　某枢纽机楼 IDC 机房严重过热

1. 事故概况

某枢纽机楼 IDC 机房是某互联网公司整体承租的，2007 年投入使用。2008 年 5 月，机房出现温度严重过热的情况，给用户的设备安全运行带来极大影响。

2. 故障分析

① IDC 机房的整体平面划分为南、北两个机房，总共可安装 315 个网络机架。发热严重的北机房中，网络机房实际面积 208m^2、空调机房面积 92m^2，北机房平面示意如图 13-21 所示。每列有 12 个机架位置，除 4 个机架位置为电源列头柜外，共 140 个网络机架位置。

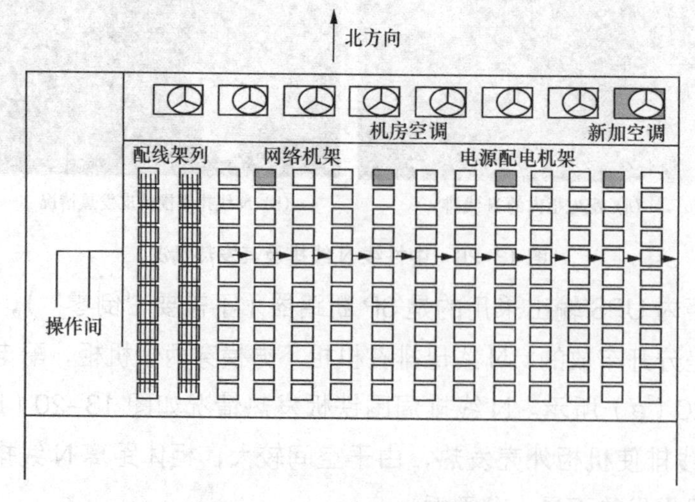

图 13-21　北机房平面示意

北机房配置了 7 台总冷量 89kW、显冷量 78kW 的机房精密空调。

机房内总共14列机架，机架的基本尺寸为：2000mm（高）×1000mm（深）×600mm（宽）。其中第1、2列为无源的配线架列，网络设备机架12列。每列12个机架位置，除了4个机架位置为电源配电机架，共140个网络机架位置。设计上按照平均每个机架耗电不大于3.1kW及平均每个机架的电流不大于14A计算，并据此配置电源和空调总容量。

实际测量机房内梁下净空高度为3.3m，设计架空地板高度为40cm，架空地板下静压箱净高>35cm。

② 运营部门对每个客户的网络机架安装的设备量有负荷限制规定要求：每个网络机架内最多允许放13个2U服务器或者最多允许放16个1U服务器；单个网络机架的耗电不得超过3.1kW；网络机架平均负荷不得大于14A。

虽然每个机架布放的服务器数量没有超过限制规定，但客户在机房内大量使用2U服务器，且多数为单台功率达310W的DELL 2950 PC-Server，一般机架耗电超过了3.1kW，多数机架实测的电功率达4.1kW以上，最大已达5.2kW，大大超过该机房机架最大电流的设计指标。

③ 现场勘察时看到，北机房140个网络机架中有134个机架已经安装了数据设备，主要集中在机房东侧。其中，第4、5、7、8、9列机架的数据设备功率最大，每列平均单个机架电流分别为15.8A、16.1A、20.4A、20.5A、20A。另据设计院提供的多次测试数据，单个机架最大负荷电流可达到33.7A。

④ 机房气流组织情况，该机房采用架空地板下送风、上回风方式，7台空调室内机统一安装在机房北面独立空调室内。架空地板采用60cm×60cm防静电活动地板，地板架空高度为350cm，在地板下形成一个静压箱。地板下没有布放电缆，只供冷气输送。每个机架的底部有一个开口供冷气上升输送到机架内部，经数据设备吸收后变成热气由机架后面板或顶部开口排出机柜。机房内机架列间过道为110cm。机架采用统一朝向排列，机房内的机架排列如图13-22所示，均属于西面进冷风，东面出热风。而发热量大的服务器机架恰好也集中在东面区域，热量积累效应明显，因此，越靠东面，机架设备温度越高。

图13-22 机房内的机架排列

从现场测试可以看出，该机房内机架底部的地板出风口温度明显不均衡，西面出风口温度在15℃上下，东面出风口温度在18℃上下。

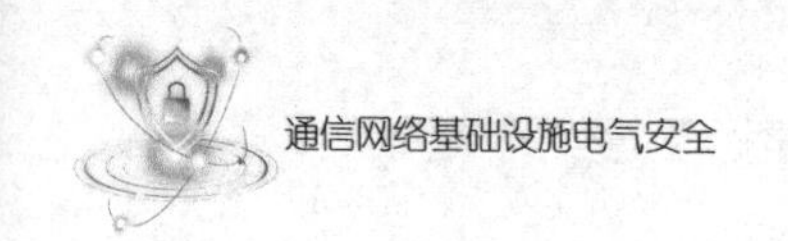

⑤ 机架内的气流组织情况如下。

- 机房内总共 14 列机架，机架的基本尺寸为：100 cm（长）×60 cm（宽）×200cm（高）。
- 机架内底部前面有一个 15cm（长）×35cm（宽）开口，最大开口面积为 525cm^2。

机架底部的出风口如图 13-23 所示。

图 13-23 机架底部的出风口

下送风机架内设备的制冷效果取决于机架内的冷气量和气流组织。而冷气量取决于进风口和冷气通道尺寸，与机房的室温没有直接关系。在实际使用中，机柜底部支架的角钢阻挡了部分进风口，实际进风口面积仅为 35cm×11cm＝385cm^2，比最大进风口面积减少了 36%。另外，由于腾讯公司安装的服务器比原设计的长，大部分服务器安装位置需前移，机柜内进风口截面积和气流通道截面积均大大减少，也导致了进风通道不畅，严重影响机架的制冷能力。下送风机柜及气流组织如图 13-24 所示。

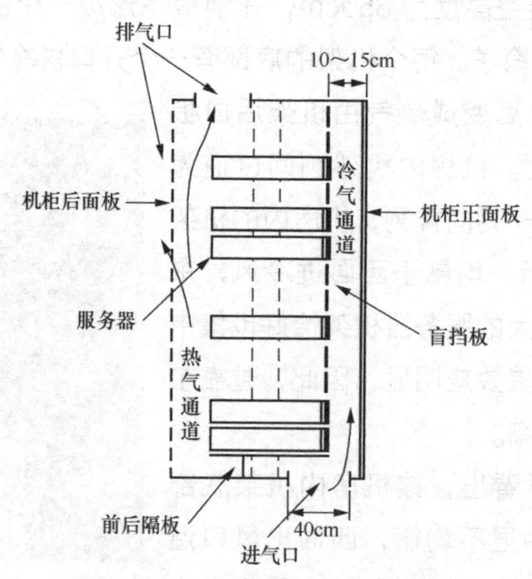

图 13-24 下送风机柜及气流组织

机架底部没有导流板，导致扰流增加，气流组织不畅。机架内部未安装设备的位置均没有安装盲挡板，甚至许多机架没有关闭前门，直接导致了气流短路和冷气的流失。

 案例 6　某信息园区 UPS 故障

1. 事故概况

2009 年 2 月 16 日，某信息园区通信机房南二楼电力室内一套 300kVA（2+1）交流 UPS 系统 2# 主机整流和逆变用 IGBT 突然被炸毁，供电输出瞬间中断，造成该系统所带全部负载异常掉电，设备瞬间重启，严重影响了通信网络的运行。随后的一年内，在该机楼同类型同型号的两套 300kVA（2＋1）UPS 系统共 6 台 UPS 主机中，又陆续多次发生现象基本相同的类似事故。

2. 故障分析

① 交流 UPS 系统首次发生严重故障，查找原因时发现是交流 UPS 设备 IGBT 功率器件发生炸裂拉弧，导致 UPS 设备彻底宕机。后续还屡次发生严重宕机事故，甚至在空载运行时都会发生宕机事故。经检查，事故原因均是交流 UPS 设备 IGBT 功率器件发生炸裂拉弧。交流 UPS 的整流器及逆变器的功率器件 IGBT 位置有明显的拉弧烧蚀痕迹，其中以整流器部位尤为严重。这种事故现象与传统 UPS 滤波电容炸裂现象有很大的区别，从直观上看，应该是 IGBT 功率器件本身因不明原因出现了击穿的情况。

② 该信息园区通信楼一、二层机房中共有 4 个交流 UPS 机房，均为某公司的 UPS 系统。其中，北侧第一、二层机房两套交流 UPS 系统（第一期工程）均采用传统十二脉冲整流，南侧第一、二层机房两套交流 UPS 系统（第二期工程）均采用 IGBT 整流。出现故障的均是 IGBT 整流的交流 UPS 系统，而采用十二脉冲整流的交流 UPS 系统则没有出现异常现象。

根据现场情况和厂商资料，鉴于该大楼内所有交流 UPS 系统均按照工程设计要求在输入端分别外加配置了 ABB 公司的有源滤波器，而有源滤波器也是采用 IGBT 器件整流的工作原理设计。因此对于采用 IGBT 整流的交流 UPS 系统来说，若开启了有源滤波器，则两套 IGBT 电路处于并联运行状态，交流 UPS 与有源滤波器并联连接示意如图 13-25 所示。

③ 分别在市电总输入端和有源滤波器的输出端接入多路示波器和电力质量

分析仪进行监测，并在关闭和开启有源滤波器的状况下进行同步对比测试，得到比较全面的电力质量测试数据和电压、电流波形。交流 UPS 测试连接示意如图 13-26 所示。

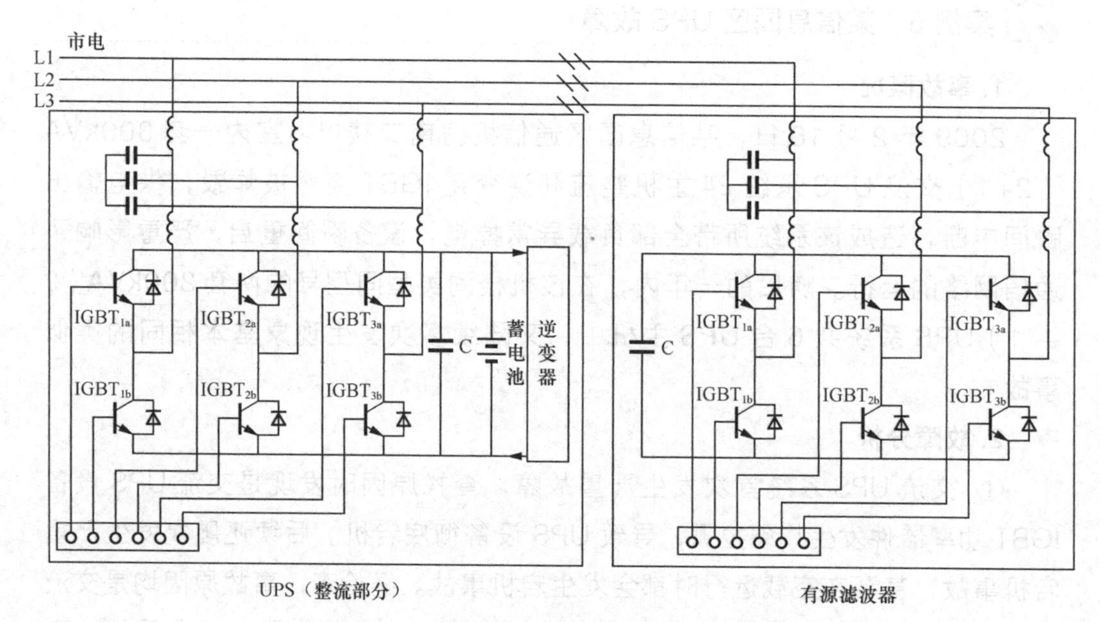

图 13-25 交流 UPS 与有源滤波器并联连接示意

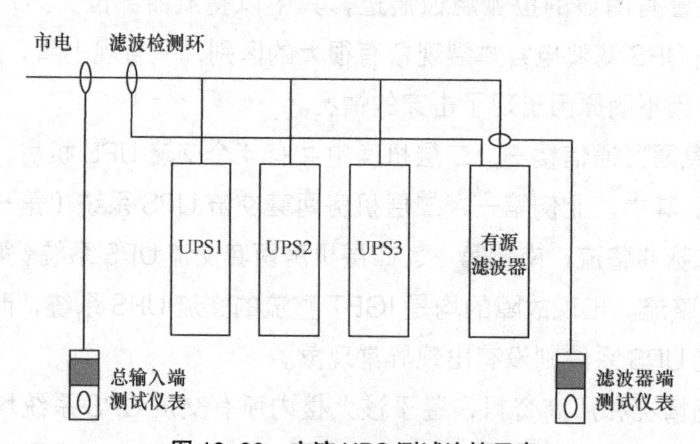

图 13-26 交流 UPS 测试连接示意

技术人员在测量过程中意外发现，在市电总输入端测试数据显示，有源滤波器开启工作后，有明显的二次谐波出现。市电总输入端测试数据见表 13-4。

该现象在 ABB 有源滤波器监控面板的数据显示中也得到验证。当有源滤波器运行时，显示屏上面得到的二次谐波电流大小和比例含量。

表 13-4　市电总输入端测试数据

		A 相		B 相		C 相		N 相	
电流	RMS 有效值 /A	210.4		210.3		209.9		20.1	
	谐波含量	3.9%		4.3%		2.1%		65.6%	
	50Hz 基波 /A	209.2		209.2		208.9		16.7	
电流	谐波	数值	比例	数值	比例	数值	比例	数值	比例
	2 次	5.0A	2.4%	5.3A	2.5%	0	0	7.0.A	2.7%
	3 次	0	0	0	0	0	0	6.8A	40.1%
	7 次	0	0	0	0	2A	1%	0	0
	23 次	3.6A	1.7%	4.2A	2%	0	0	0	0

3. 教训与反思

① 该信息园区通信机房电力室内，两套 IGBT 整流 300kVA（2+1）交流 UPS 系统连续多次发生主机故障，均为 IGBT 功率器件炸裂引起，可以排除人为误操作等因素，属于设备技术故障。

② 对六脉冲、十二脉冲整流的交流 UPS 系统增加外加有源滤波器，可以降低交流 UPS 输入端低压交流配电侧的谐波电流。但对于采用 IGBT 整流的交流 UPS 系统，其输入端的谐波电流本身比较小，增加有源滤波器的作用并不大。而且采用 IGBT 器件的有源滤波器与 IGBT 整流的交流 UPS 系统并联使用，可能存在相互影响的不利因素，对该组合方式必须谨慎对待。建议暂时关闭有源滤波器，消除有源滤波器对交流 UPS 系统的干扰。

③ 有源滤波器是并联在交流 UPS 系统输入端的供电回路上的，除了近端安装有源滤波器，远端安装的有源滤波器也有可能会对同一低压配电线路上的交流 UPS 系统产生影响。因此，对于在与 IGBT 整流交流 UPS 系统同一低压配电线路上的其他有源滤波器的接入和投入，应给予密切关注。避免由于远端其他有源滤波器对同一低压配电系统上采用 IGBT 功率器件的交流 UPS 系统设备产生相互振荡激励作用的不利影响。

案例 7　某机楼某品牌 UPS 掉电故障

1. 事故概况

2009 年 3 月 30 日 9 时 45 分左右，某机楼在进行供电局计划内主路高压市电向备用高压市电切换。在例行市电切换过程中，当市电恢复时，该机楼 15 楼机房的 60kVA（1+1）并联冗余交流 UPS 系统的两台 UPS 主机同时出现系统停机，交流 UPS 的报警信息为“紧急停机”，蓄电池开关跳闸的故障导致输出中断，负载断电。交流 UPS 重新启动后可以恢复正常工作。

由于故障原因暂未查明，为防止再次出现类似故障造成重大影响，2009 年 4 月 2 日，维护人员将该系统的全部负载割接至另一套交流 UPS 系统上。2009 年 4 月 7 日 17 时，该机楼在执行计划内将备用高压市电向主路高压市电切换过程中，交流 UPS 系统再次发生输出中断。2009 年 5 月 26 日 16 时 46 分，在进行市电低压两路切换时，该交流 UPS 系统仍然出现同样的故障。

2. 故障分析和处理

① 2009 年 4 月 7 日，故障再次出现后，相关部门会同厂商一起进行了故障分析并制定了排查监测方案，对 UPS 输入输出电压、零地电压、RS232 监控线对地电压等进行检测。根据监测方案，在现场进行了安装布置。

② 2009 年 5 月 26 日 16 时 46 分，在进行市电低压两路切换时，该交流 UPS 再次发生同样的故障。从现场故障的情况、示波器监测的结果及进行的多次市电倒换测试情况分析，故障的源头基本锁定在该套交流 UPS 系统的通信接口 COSI 板上。该 COSI 板是动力监控和交流 UPS 系统的接口板，动力监控的 RS232 线接在该板上。对故障的初步判断是在市电倒换过程中，当市电来电的瞬间，干扰信号通过 RS232 监控线传导至 COSI 板上，在受到干扰后，该板发出紧急停机指令，导致交流 UPS 关机、停止输出。

③ 2009 年 6 月 24 日，生产厂商提供了关于故障的分析报告，确认此故障的最终定位是在通信接口 COSI 板上，故障的根本原因是交流 UPS 系统的通信接口 COSI 板（版本为 NT03 GC）存在设计缺陷，该板抗干扰能力较差，在特定的场合、条件下有可能触发造成故障。

④ 厂商承诺对该通信接口板进行升级更换。相关部门要求升级换板前，对该交流 UPS 系统再进行模拟市电倒换测试，以进一步确认换板后故障是否真正被解决。

⑤ 该故障发生在交流 UPS 系统输入端市电倒换过程中，故障本身具有较高的隐秘性，且一旦出现故障又会造成非常严重的后果。因此，使用旧版本接口板的交流 UPS 系统在未更换板 COSI 前，相关业务部门应做好预警应急准备，同时尽量避免倒换市电。

案例 8　机房空气质量问题

1. 事故概况

2010 年年初，IBM 发现某电信运营商机房内 2008—2010 年连续多次出现

IBM 服务器内存损坏的故障，具体表现为内存电路板被严重腐蚀。经过专业检测测试，证实是受到硫化物的腐蚀。IBM 就这个故障现象申请了一批机房检查仪器放在该机房，对机房环境进行了连续一周的机房环境检测，铜、银探针贴片的测试采样如图 13–27 所示，并就此提交了一份《机房健康检查报告》。IBM 认为机房内存在腐蚀性气体，导致机房的空气质量不符合要求，严重影响了计算机设备的长期运行。

图 13–27 铜、银探针贴片的测试采样

2. 隐患分析

1）机房内腐蚀性气体分析

（1）机房内腐蚀性气体来源

通信机房内部的腐蚀性气体来源包括以下 3 类。

- 新风换气系统补充新入的室外空气及人员进出带入的室外空气所携带的腐蚀性气体，占腐蚀性气体来源的主要部分且受环境质量影响较大。
- 室内装饰材料挥发（例如，岩棉、涂料）的腐蚀性气体，随着机房的长期使用，这一类的腐蚀性气体将逐步减少。
- 设备运行过程中散发出来的腐蚀性气体，例如，镀锌材料、电缆绝缘层材料。这一类腐蚀性气体产生量不多，影响较小，且随着设备的运行使用将逐步减少。

（2）腐蚀性气体是外源性的

通信机房内除了专用的蓄电池室的蓄电池，还有通信电子设备和电缆、机壳、走线架及空调管道等，基本上不是金属类材料就是塑料类材料，运行时不会产生腐蚀性气体。特别是机房内的物质不含硫，也不会燃烧或产生大规模的化学反应，没有产生硫化物的物质基础，因此无硫化物产生源。

（3）引入外部新鲜空气的必要性和不可控性

为维持机房内空气正压和改善室内空气质量，保障机房工作人员的身体健康，要引入机房一定量的新风。机房环境标准也强调了机房内必须引入规定量的新风。加上平时人员进出机房，外部空气进入机房是必不可少的，也是不可避免的。而我们无法控制机房外部空气的质量，目前，新风引入标准要求中只考虑了灰尘颗粒过滤要求，没有对气体成分过滤提出要求。因此，室外腐蚀性气体，特别是硫化污染物的进入是不可避免的。

2）“无铅化”给电子设备带来的影响

从对《机房健康检查报告》的分析来看，机房内的腐蚀性气体主要是硫化污染物，主要影响的是PCB板的焊接电路或IT设备的接插件（例如，内存、硬盘、网卡、CPU等）部位。而早期的设备很少出现类似情况，究其原因，是“无铅化”后将焊接工艺改为了“银焊”。

传统采用锡铅合金焊剂焊接的电路板，具有一定的耐腐蚀性效果。但近年来，越来越多的电子设备改变了生产工艺，大量电子产品从‘锡/铅热风整平’表面处理技术转向“浸银”表面处理技术。目前，电路板上贴片式元件普遍采用“浸银”的焊接方式。当空气中硫化物的成分较高时，“浸银”处理的电路板更容易“蠕变腐蚀”，“浸银”处理的电路板“蠕变腐蚀”如图13-28所示。这时，如果空气中的湿度较高，“蠕变腐蚀”容易造成电子线路短路。

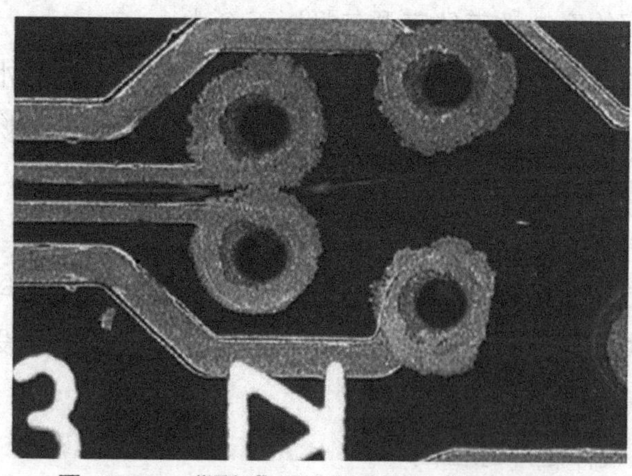

图13-28 “浸银”处理的电路板“蠕变腐蚀”

在含硫气体较高的数据中心中，硬件故障率有所上升。从通信机房内运行的通信设备来看，实际情况确实如此。自2007年以来，统计资料表明，机房内电子设备的平均故障率有一定程度的上升。特别是空气中硫化物含量远低于对人体有害的程度时，已能造成“蠕变腐蚀”，而“蠕变腐蚀”造成的故障设备在检查环境中难以被发现，给故障诊断带来了困难。在空气质量没有改善和电路板表面处理技术不变的情况下，更换设备或部件不能阻止“蠕变腐蚀”和设备故障的持续发生。

3）相关机房环境标准和检测手段

在国内现行机房环境标准中，重点仅关注机房内的温度、湿度和洁净度，基本上没有对空气质量提出定量要求和规范，没有考虑电子设备“无铅化”后对空气质量，特别是对空气中硫化物含量的要求。同时，目前也没有对空气质量的相关测试手段和控制提出要求，无法与国外的标准规范对标。由此，以国外的标准为依据，对国内通信机房包括数据中心机房进行空气质量跟踪测量，并根据测试结果来评估机房内的空气质量情况，在某种程度上可以作为参考，但是否可信及可采纳则需要进一步验证。

案例 9 某大型 IDC 油机带载故障隐患

1. 事故概况

某大型数据中心采用典型的分布式 380V 柴油发电机组备电的供电架构，典型分布式低压柴油发电机供电架构如图 13-29 所示。同时，该数据中心采用了“市电 +240V 直流”不间断供电模式。负载集中为 240V 直流电源系统或 IT 设备有市电直供。

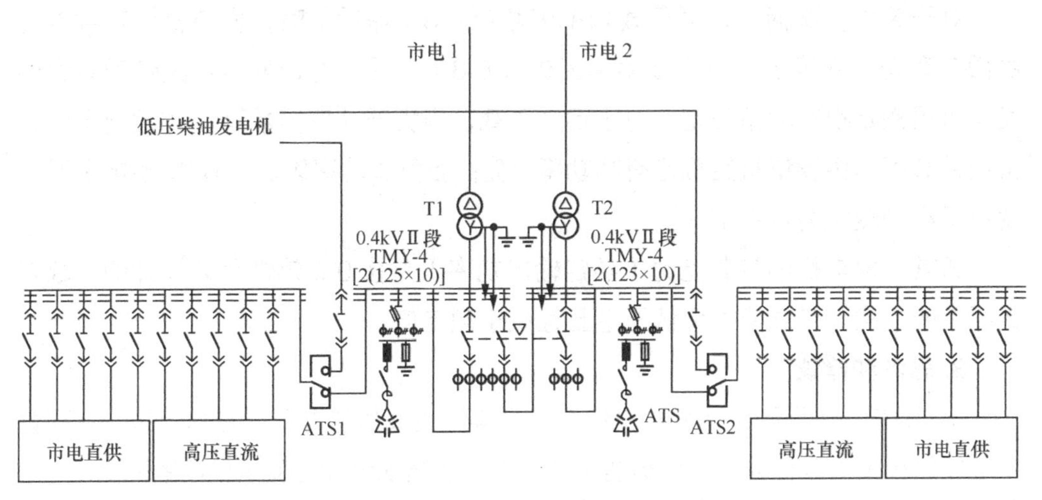

图 13-29 典型分布式低压柴油发电机供电架构

在工程验收进行“市电—油机”自动倒换测试时，柴油发电机组输出相电压瞬间跌落，导致低压配电柜油机进线断路器发生欠压（失压）保护分闸；分闸

后，油机输出电压升高到正常值后，低压配电柜油机进线断路器恢复自投合闸；合闸后，负载增加再次引发油机电压跌落，导致低压配电柜油机进线断路器处于“失压—恢复—失压”的反复循环开关动作状态，并发出断路器频繁动作的异常响声。

2. 故障分析

（1）供电负载特性

在数据中心，除了空调设备、水泵电机等为功率因素滞后的感性负载，交流 UPS 系统、大功率的高频开关电源（240V 直流电源系统等）一般采用高频脉宽调制整流技术，加上有一定的谐波电流影响，需要用无源滤波器来抑制谐波，且有 PFC 电路来提高功率因数。因此，其负载特性呈现功率因素超前的容性或偏容性。

若采用市电直供，则 IT 设备电源模块的质量差异可能导致供电负载的功率因数更低。

（2）直流电源系统的带载率

在数据中心，240V 直流电源系统的可用性远高于交流 UPS 系统，系统冗余度相对减小，因此其负载率要远高于交流 UPS 系统。

（3）油机带载特性

该数据中心同步发电机的工作原理，可以反映出功率因素对发电机带载能力的影响和其安全带载运行的范围。

对于感性负载而言，当负载功率因数≥ 0.8（滞后）时，发电机组带载能力由额定有功功率确定；当负载功率因数＜ 0.8（滞后）时，发电机组带载能力由发电机组额定视在功率确定。对于容性负载，当负载功率因数≥0.9(超前）时，机组带载能力由发电机组额定有功功率确定；当负载功率因数＜0.9(超前）时，发电机组带载能力迅速下降。

通常，发电机的带载能力（额定输出功率）是按 0.8 感性负载设计的，故在数据中心的实际带载能力会低于甚至远低于额定值。

3. 思考和建议

① 要充分认识到柴油发电机组直接带容性负载的能力所存在的问题。在配置中应按照相关国家标准、行业标准设计要求，适当加大柴油发电机组的配比。

② 在“市电—油机”倒换，特别是市电直供带载前，要评估并确认柴油发电机组带容性负载的能力。

③ 当柴油发电机组出现容性负载带载问题时，可以尝试以下处理方法：

- 降低柴油发电机组带载率；
- 采用输出端配电开关增加分时接触器来进行时延控制；
- 240V 直流电源系统分时启动；
- 240V 直流电源系统启用整流模块输出功率“walk-in”功能。

案例 10 Smart-UPS 漏洞问题

1. 事故概况

2022 年 3 月 9 日，国家监测部门发现美国电力转换公司（APC）的交流 UPS 设备中存在 3 个高危漏洞，漏洞编号分别为 CVE-2022-0715、CVE-2022-22805、CVE-2022-22806，漏洞影响涉及 SMT、SMC、SCL、SMX、SRT 和 SMTL 系列产品。APC 是施耐德电气的子公司，是交流 UPS 设备的领先供应商之一，在全球已销售超过 2000 万台设备。交流 UPS 设备作为应急备用电源，主要用于数据中心、工业设施、医院等重点场合。

这组发现的漏洞包括云连接Smart-UPS设备使用的传输层安全协议(Transport Layer Security，TLS）实施中的两个严重漏洞，以及第 3 个严重漏洞，即设计缺陷，其中，所有 Smart-UPS 设备的固件升级都没有正确签名和验证。其中，两个漏洞涉及交流 UPS 和施耐德电气云之间的 TLS 连接。支持 SmartConnect 功能的设备会在启动时或云连接暂时丢失时自动建立 TLS 连接。

CVE-2022-22806：TLS 身份验证绕过，TLS 握手中的状态混淆导致身份验证绕过，使用网络固件升级进行远程代码执行。

CVE-2022-22805：TLS 缓冲区溢出，数据包重组（RCE）中的内存损坏错误。

这两个漏洞可以通过未经身份验证的网络数据包触发，不需要任何用户交互（ZeroClick 攻击）。

CVE-2022-0715：可通过网络更新的未签名固件升级。

第 3 个漏洞是设计缺陷，受影响的设备上固件更新升级未以安全方式进行加密签名。这意味着攻击者可以制作恶意固件并使用各种路径（包括互联网、LAN 或 USB 驱动器）进行安装。

施耐德电气表示，这些漏洞被归类为“严重”和“高严重性”，影响了 SMT、SMC、SCL、SMX、SRT 和 SMTL 系列产品，已开始发布包含针对这些漏洞的补丁的固件更新。对于没有固件补丁的产品，施耐德提供了一系列缓解措施来降低被利用的风险。

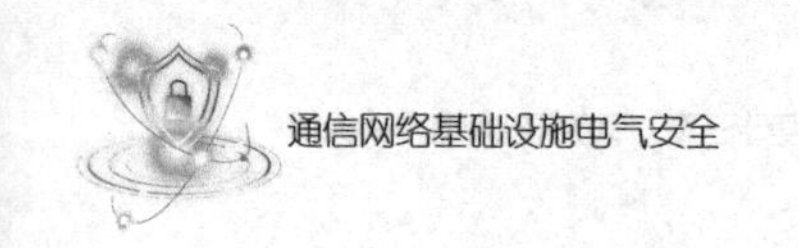

2. 处理合防范

除了尽快进行设备的软硬件升级，日常运营中要特别注重信息安全，以保护控制系统不受潜在风险的影响，相关建议如下。

① 关闭不使用的端口及服务。

② 对项目设置口令。

③ 将系统和远程可访问设备置于防火墙后。

④ 设置访问控制列表。

⑤ 安装物理控制装置以防止未经授权的访问。

⑥ 防止任务关键型系统和设备被外部网络访问。